Valérie Pendaries - Rahoul
Franck Verrecchia
Alain Mauviel

Acide rétinoïque et TGF-beta

Valérie Pendaries - Rahoul
Franck Verrecchia
Alain Mauviel

Acide rétinoïque et TGF-beta

Interaction ligand-dépendante entre les voies de
signalisation de l'acide rétinoïque et du TGF-Beta
par les smads

Presses Académiques Francophones

Impressum / Mentions légales

Bibliografische Information der Deutschen Nationalbibliothek: Die Deutsche Nationalbibliothek verzeichnet diese Publikation in der Deutschen Nationalbibliografie; detaillierte bibliografische Daten sind im Internet über http://dnb.d-nb.de abrufbar.
Alle in diesem Buch genannten Marken und Produktnamen unterliegen warenzeichen-, marken- oder patentrechtlichem Schutz bzw. sind Warenzeichen oder eingetragene Warenzeichen der jeweiligen Inhaber. Die Wiedergabe von Marken, Produktnamen, Gebrauchsnamen, Handelsnamen, Warenbezeichnungen u.s.w. in diesem Werk berechtigt auch ohne besondere Kennzeichnung nicht zu der Annahme, dass solche Namen im Sinne der Warenzeichen- und Markenschutzgesetzgebung als frei zu betrachten wären und daher von jedermann benutzt werden dürften.

Information bibliographique publiée par la Deutsche Nationalbibliothek: La Deutsche Nationalbibliothek inscrit cette publication à la Deutsche Nationalbibliografie; des données bibliographiques détaillées sont disponibles sur internet à l'adresse http://dnb.d-nb.de.
Toutes marques et noms de produits mentionnés dans ce livre demeurent sous la protection des marques, des marques déposées et des brevets, et sont des marques ou des marques déposées de leurs détenteurs respectifs. L'utilisation des marques, noms de produits, noms communs, noms commerciaux, descriptions de produits, etc, même sans qu'ils soient mentionnés de façon particulière dans ce livre ne signifie en aucune façon que ces noms peuvent être utilisés sans restriction à l'égard de la législation pour la protection des marques et des marques déposées et pourraient donc être utilisés par quiconque.

Coverbild / Photo de couverture: www.ingimage.com

Verlag / Editeur:
Presses Académiques Francophones
ist ein Imprint der / est une marque déposée de
AV Akademikerverlag GmbH & Co. KG
Heinrich-Böcking-Str. 6-8, 66121 Saarbrücken, Deutschland / Allemagne
Email: info@presses-academiques.com

Herstellung: siehe letzte Seite /
Impression: voir la dernière page
ISBN: 978-3-8381-7128-9

Copyright / Droit d'auteur © 2012 AV Akademikerverlag GmbH & Co. KG
Alle Rechte vorbehalten. / Tous droits réservés. Saarbrücken 2012

SOMMAIRE

2

Liste des abréviations

ACTR	Activator of the TR and RAR/TR activator molecule
ADH	Alcools Déshydrogénasses
ADN	Acide DesoxyriboNucléique
ADNc	AND complémentaire
AF-n	Activation Fonction-n
AIB1	Amplified In Breast Cancer
ALDH	Rétinaldéhyde déshydrogénases
APL	Acute Promyelocytic Leukemia
AR	Acide Rétinoïque
AR'	Androgen Receptor
ARE	Activine Response Element
ARNm	Acide RiboNucléique messager
ARtt	Acide Rétinoïque tout-*trans*
BMP	Bone Morphogenetic Protein
CAR/MB67	Constitutive androstane receptor
CBP	Creb Binding Protein
CDKs	Cyclin dependent kinases
COL7A1	Gène du Collagène de type VII
Coup-TF	Chicken ovalbumine upstream promoter transcription factor
CRABPs	Cellular Retinoic Acid Binding Protein
CRAD	Cis-Retinoid/Androgen Dehydrogenase
CRBP	Cellular Retinol Binding Protein
DAX-1	Dosage-sensitive sex reversal
DBD	DNA Bindig Domain
Dpp	Decapentaplegic
DR	Répétition directe

4

EGF	Epidermal Growth Factor
ER	Estrogen receptor
ERR	Estrogen-related receptor
FDA	Food & Drug Administration
FKBP12	FK-506 Binding Protein 12 kD
FXR	Farnesoïd X receptor
GAG	GlycosAminoGlycane
GCNF	Germ cell nuclear factor
GR	Glucocorticoid receptor
GRIP	Glucocorticoid Receptor Interacting Proteins
HDAC	Histones déacétylases
HNF-4	Hepatocyte nuclear factor 4
IFNγ	Interféron γ
IGF	Insulin-like Growth Factor
IL-n	Interleukine-n
LAP	Latency-Associated Peptide
LDB	Domaine de liaison du ligand
LTBP	Latent TGFβ Binding Protein
LXR	Liver X receptor
MAPK	Mitogen-Activated Protein Kinase
MEC	Matrice Extracellulaire
MHn	Mad Homology Domain n
MR	Mineralocorticoïd Receptor
NcoA	Nuclear Receptor CoActivator
NcoR	Nuclear Receptor Corepressor
NFκB	Nuclear Factor kappa B
NGFI-B	NGF-induced clone B
p/CAF	p300/CBP Associated Factor
PA	Plasminogen Activator

PAI-1	Plasminogen Activator Inhibitor type 1
PCIP	p300/CBPassociated Protein
PNR	Photoreceptor-Specific Nuclear Receptor
PPAR	Peroxisome Proliferator Activated Receptor
PXR	Pregnane X Receptor
RAR	Retinoic Acid Receptor
RARE	Retinoic Acid Response Element
RBP	Retinol Binding Protein
RevErb	Reverse Erb
RoDH	Retinol Dehydrogenase
RXR	Retinoid X Receptor
RZR/ROR	Retinoïd Z Receptor / Retinoic Acid-Related Orphan Receptor
SBE	Smad Binding Element
SDR	Deshydrogénases reductases
SF-1/FTZ-F1	Steroidogenic factor1 Fushi Tarazu factor1
SGF	Sarcoma Growth factor
SHP	Small Heterodimeric Partner
SMRT	Silencing Mediator for Retinoid and Thyroid Hormone
SRC-1	Steroid Receptor Co-Activator
SXR	Steroid and Xenobiotic Receptor
TGFβ	Transforming Growth Factor β
TIF	Transcription Intermediary Factor
TLX	Tailles related receptor
TR	Thyroid hormone receptor
TR2	Testis Receptor
TβR n	Récepteur de type n au TGFβ
VDR	Vitamin D Receptor

1 Introduction

1.1 La voie de signalisation de l'acide rétinoïque

L'étude des activités biologiques de l'acide rétinoïque (AR) fut initiée en 1941 par la première synthèse de ce composé sous forme d'acide rétinoïque tout-*trans* (ARtt). Dès lors, les recherches et les découvertes s'intensifièrent donnant naissance à de très nombreux analogues et dérivés de l'AR rassemblés sous une même famille: les rétinoïdes (1).

1.1.1 Les rétinoïdes

1.1.1.1 Définition

Le terme rétinoïde inventé par M. Sporn en 1976 (2), se réfère à l'ensemble des métabolites dérivés de la vitamine A (ou rétinol), ainsi qu'à leurs analogues synthétiques développés par l'industrie pharmaceutique. Ce regroupement a pour base la parenté chimique qui existe entre les différents composés et/ou leur capacité à mimer tout ou une partie des activités des dérivés naturels du rétinol. Parmi les rétinoïdes naturels (Figure n°1), l'ARtt, l'acide 13-*cis* rétinoïque (13-*cis*AR) et l'acide 9-*cis* rétinoïque (9-*cis*AR) sont les plus étudiés.

Les rétinoïdes sont des régulateurs physiologiques de multiples processus biologiques incluant le développement embryonnaire, la vision, la reproduction, la formation des os, l'apoptose, la différenciation et la prolifération cellulaire (3 ; 4 ; 5). Pharmacologiquement, ils sont reconnus comme des modulateurs de la croissance cellulaire, de la différenciation et de l'apoptose et montrent une aptitude à supprimer la carcinogenèse dans de nombreux tissus animaux notamment lors de cancers de la peau, de la vessie, des poumons ou des seins (6). Cliniquement, ils sont capables d'engendrer la régression des lésions malignes et d'inhiber le développement de tumeurs secondaires chez les patients atteints de Xéroderme Pigmentosum (7).

7

L'utilisation de l'ARtt, par exemple, a été approuvée par la FDA ("Food & Drug Administration") pour le traitement de la leucémie promyélocytique aiguë (9).

De plus, certains rétinoïdes sont également utilisés dans le traitement d'affections dermatologiques (9).

Figure n°1: Configuration chimique des rétinoïdes principaux

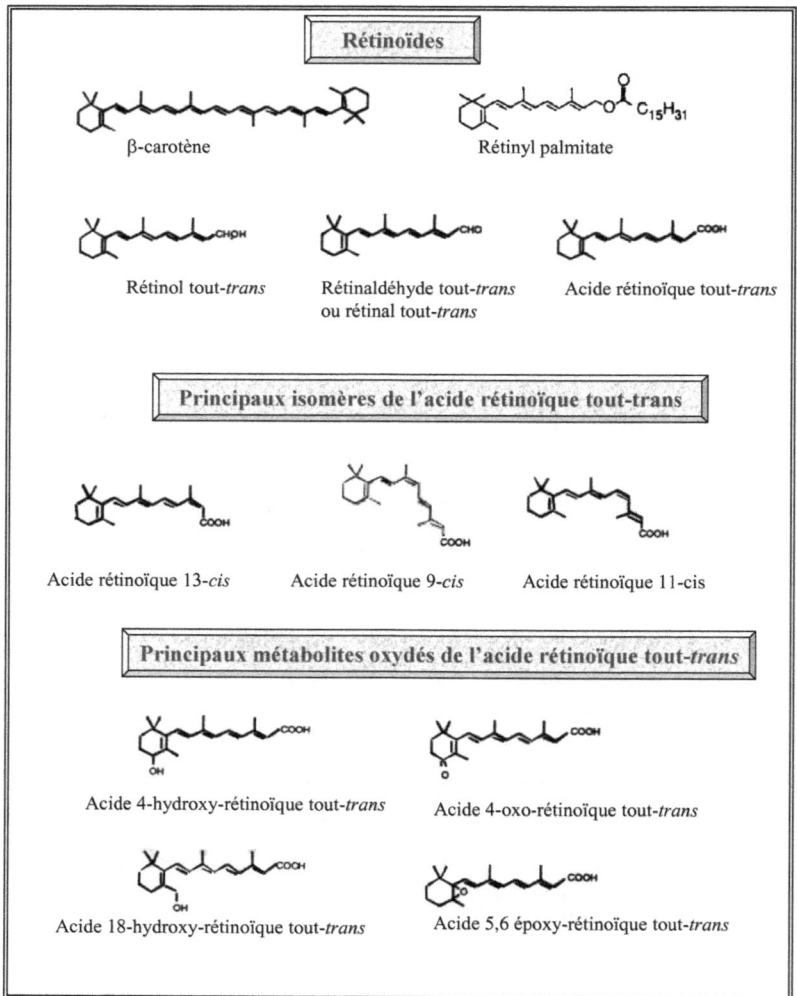

1.1.1.2 Métabolisme des rétinoïdes

L'alimentation fournit la totalité des précurseurs de la vitamine A, sous forme de caroténoïdes (provitamine A) et sous forme de rétinoïdes préformés : les rétinyl-esters apportés respectivement par les végétaux et les tissus animaux. Ces deux types de composés subissent une série de transformations au niveau de la lumière de l'intestin, conduisant à leur conversion en rétinol. Ce dernier, absorbé par les cellules intestinales (entérocytes), réagit avec des longues chaînes d'acide gras pour former des rétinyl esters, lesquels seront incorporés dans des lipoprotéines intestinales: les chylomicrons. Ces lipoprotéines seront par la suite sécrétées dans le système lymphatique. Au niveau du foie, les chylomicrons sont captés par les cellules du parenchyme, les hépatocytes, où le rétinol est stocké sous forme d'esters (Figure n°2) (10). Le stockage des rétinyl esters dans les hépatocytes ne représente qu'une infime partie des réserves en rétinol. En effet, les hépatocytes transfèrent la majorité des rétinyl esters provenant des chylomicrons vers les cellules stellaires du foie où 50 à 80% du rétinol présent dans le corps humain est stocké. Cette forme de stockage, aisément mobilisable, libère du rétinol après hydrolyse enzymatique des rétinyl esters. Le rétinol ainsi libéré forme un complexe avec la RBP ("Retinol Binding Protein") puis est transporté vers les cellules périphériques en se liant à la transthyrétine. Les hépatocytes et les cellules stellaires semblent tous deux participer au stockage et à la mobilisation du rétinol, deux processus indispensables au maintien de sa concentration plasmatique proche de 2µM (10 ; 11).

Figure n°2: Biosynthèse des rétinoïdes (10)

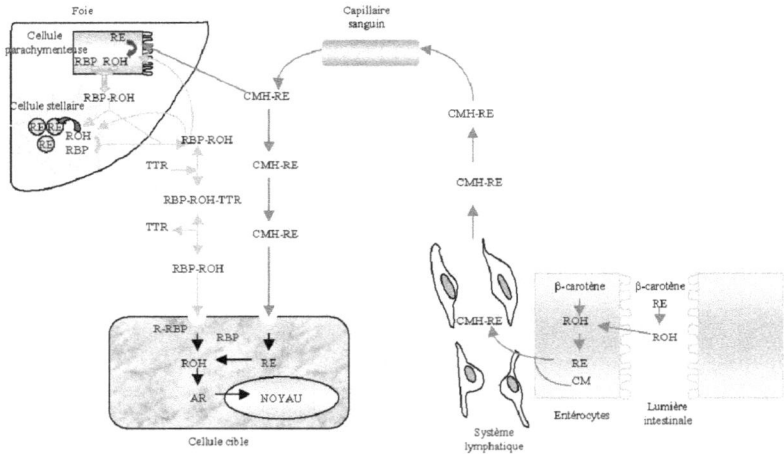

AR: acide rétinoïque; CM: chylomycrons; CMR: chylomycrons remnants; RBP: retinoid binding protein; R-RBP: Récepteurs des RBP; ROH: rétinol; RE: rétinyl ester; TTR: Transthyrétine.

Au niveau de la lumière intestinale, les caroténoïdes et les rétinyls-esters sont convertis en rétinol. Ce dernier est absorbé par les entérocytes où il sera associé à des longues chaînes d'acide gras pour former les rétinyl esters. Incorporés dans des chylomycrons, les rétinyl esters circulent dans le système lymphatique jusqu'à leur lieu de stockage (le foie) ou une cellule cible. Le rétinol est transporté du foie vers les cellules cibles associé à la RBP et la TTR.

Le mécanisme de captation du rétinol par les cellules n'est pas entièrement élucidé. Lorsque le complexe rétinol *tout-trans*-RBP atteint une cellule cible, le rétinol, molécule lipophile, pourrait soit se dissocier de la RBP et entrer dans la cellule par simple diffusion, soit se fixer à des récepteurs membranaires de la RBP, ce qui permettrait son internalisation (10). Au niveau cytosolique, le rétinol est pris en charge par la CRBP pour « Cellular Retinol Binding Protein » de type I, capable de lier avec une forte affinité les isomères tout-*trans* et 13-*cis* du rétinol (12) et/ou la CRBP de type II, exprimée uniquement par les cellules intestinales (13), (tableau n°1). Selon les besoins de l'organisme, le rétinol lié à la CRBP (holo-CRBP) peut être

10

estérifié en rétinyl esters ou oxydé en ARtt, qui sera lui-même isomérisé pour former les différents stéréo-isomères de l'AR (Figure n°3). De plus, le rapport holo-CRBP/apo-CRBP (CRBP libre) apparaît être un élément déterminant pour la régulation du métabolisme du rétinol. A titre d'exemple, la lécithine rétinol acyltransférase qui catalyse la formation de rétinyls esters est complètement inhibée par l'apo-CRBP (14). Ainsi, dans un contexte cellulaire où le taux de rétinol est suffisant (holo-CRBP>apo-CRBP), l'hydrolyse des rétinyls esters est réduite en faveur de l'estérification du rétinol en rétinyl esters. Par ailleurs, il a été récemment montré que l'application topique de rétinol induit l'expression de CRBP au niveau de la peau (15). D'un point de vue plus moléculaire, les gènes des CRBP de type I et II possèdent un élément de réponse à l'ARtt permettant un rétrocontrôle de la signalisation des rétinoïdes (16 ; 17).

Tableau n°1: Affinité des protéines CRBPs et CRABPs pour les rétinoïdes
(D'après 11)

Protéine liant les rétinoïdes	Ligand	Constante de dissociation Kd (nM)
CRBP	Rétinol ; Rétinal	0,1 ; 10-50
CRBP II	Rétinol	10-50
CRABP I	ARtt ; Dérivés de l'ARtt	0,4 ; 0,4
CRABP II	ARtt	2

Les formes actives du rétinol étant des formes oxydées, il semble que l'ensemble des cellules cibles périphériques possède l'équipement enzymatique nécessaire aux oxydations successives du rétinol en rétinaldéhyde puis en ARtt.

Figure n°3: Biosynthèse de l'ARtt, (22)

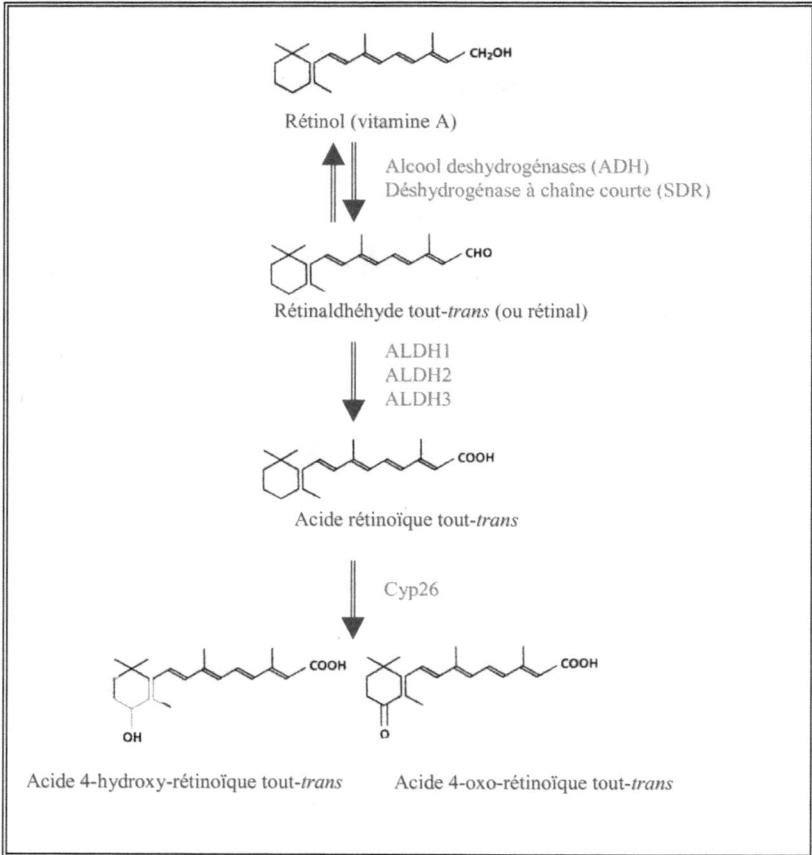

La biosynthèse de l'ARtt nécessite deux étapes d'oxydation. Le rétinol est tout d'abord converti en rétinaldhéhyde par les ADHs et les SDRs puis oxydé en ARtt par les ALDHs. Au niveau des cellules cibles, un cytochrome P450 (Cyp26) oxyde l'ARtt en acide 4-hydroxy-rétinoïque tout-*trans* et en acide 4-oxo-rétinoïque tout-*trans*.

1.1.2 L'acide rétinoïque tout-*trans*

Il est aujourd'hui établi que l'ARtt présent dans l'ensemble des cellules embryonnaires et adultes est le dérivé de la vitamine A le plus actif *in vivo* (18).

1.1.2.1 Métabolisme de l'acide rétinoïque

1.1.2.1.1 Du rétinol au rétinal

La biosynthèse de l'ARtt comporte deux étapes d'oxydation. Le rétinol est tout d'abord converti en rétinaldéhyde puis oxydé en ARtt (Figure n°3). La majorité des enzymes impliquées dans le métabolisme de l'ARtt a été identifiée. L'oxydation du rétinol en rétinaldéhyde nécessite l'activité catalytique de plusieurs enzymes appartenant à la famille des alcools déshydrogénases de classe I, II, III et IV (ADH1, ADH2, ADH3 et ADH4) et des hydrogénases réductases à chaînes courtes (SDR) dont les enzymes microsomiales RoDH (""Retinol Dehydrogenase") et CRAD (Cis-Retinoid/Androgen Dehydrogenase) (19). Plus récemment, une enzyme cytosolique membre de la famille des aldoketo-réductases déshydrogénases a été identifiée (20). Il est important de noter que l'oxydation du rétinol par les SDRs semble avoir des fonctions autres que la synthèse d'ARtt notamment la génération d'un pigment visuel le 11-cis rétinal (21).

1.1.2.1.2 Du rétinal à l'ARtt

L'oxydation du rétinaldéhyde en ARtt requiert l'action de trois rétinaldéhyde déshydrogénases: nommées ALDH1, ALDH2 et ALDH3 chez l'homme. Cette deuxième étape est considérée comme limitante dans la biosynthèse de l'ARtt puisqu'il a été démontré l'existence d'une étroite corrélation entre l'expression de ALDH2 embryonnaire et l'activité de gènes rétinoïdes-dépendants. De plus, des embryons de souris ALDH2 déficientes présentent des anomalies identiques à celles engendrées par la privation de rétinoïdes (22). Parallèlement, d'autres systèmes

13

enzymatiques tels que les cytochromes P450 catalysent l'oxydation du rétinol en rétinal (23) et du rétinal en acide rétinoïque (24). Pour finir, l'ARtt peut également être absorbé directement au niveau de l'intestin par le système porte (25).

Au niveau des cellules cibles, l'ARtt peut être transformé (26 ; 27) en différents stéréo-isomères que sont le 9-*cis*AR (28; 29), le 11-cis AR et le 13-cis AR (30), ou oxydé par *Cyp26*, un cytochrome P450, pour former des composés oxydés tels que l'acide 4-hydroxy-rétinoïque tout-*trans* ou l'acide 4-oxo-rétinoïque tout-*trans*. Tout d'abord considérées comme des rétinoïdes inactifs, ces deux formes oxydées de l'ARtt interviennent dans le développement embryonnaire (11 ; 31 ; 32). La formation du 9-*cis*AR revêt une importance particulière du fait de son rôle indispensable dans la transduction du signal des rétinoïdes et plus particulièrement dans la voie de signalisation de l'ARtt.

1.1.3 Voie de signalisation de l'ARtt

La voie de signalisation mise en jeu lors de la stimulation par l'ARtt est complexe et fait intervenir un grand nombre de protéines, dont le rôle est directement ou indirectement couplé à la régulation de la transcription. La première étape de la signalisation se déroule au niveau cytoplasmique où l'ARtt est pris en charge et transporté dans le noyau.

1.1.3.1 Les CRABPs

L'ARtt formé à partir du rétinol ne pouvant se lier au CRBPs, d'autres protéines cytoplasmiques de 14 à 16 KDa, clonées en 1990 et 1992 (33 ;34) prennent en charge cette hormone: les CRABPs pour "Cellular Retinoic Acid Binding Protein" de type I (35 ; 36) et de type II (37). Le rôle des CRABPs est d'une part de protéger l'ARtt des autres protéines cytoplasmiques, et d'autre part de permettre le transport de l'ARtt du cytoplasme vers le noyau, contrôlant ainsi indirectement l'expression génique (38), et vers le réticulum endoplasmique, influençant ainsi son métabolisme (39 ; 40). Par

14

ailleurs, l'analyse de l'effet d'une sur-expression ou d'une inhibition de l'expression de la CRABP I (41), dans des cellules de tératocarcinome F9, a permis de mettre en évidence le rapport inverse existant entre la sensibilité à l'ARtt et le niveau d'expression de cette protéine. Ainsi, il semble que les CRABPs soient capables de réguler finement la quantité d'ARtt disponible à l'intérieur de la cellule et donc du noyau, en le séquestrant au niveau cytoplasmique. Bien que ces protéines semblent être au cœur de la signalisation des rétinoïdes, des expériences d'inactivation des gènes CRABP I (42) et de CRABP II (43) permettent d'affirmer qu'elles ne possèdent pas de fonction indispensable à la signalisation de l'ARtt et suggèrent l'existence de voies alternatives susceptibles de palier aux défauts affectant les CRABPs.

Il a également été démontré que ces deux isoformes jouent des rôles différents dans le métabolisme de l'ARtt. En effet ces protéines diffèrent sur de nombreux points. Premièrement, CRABP I est ubiquitaire alors que CRABP II est exprimée seulement au niveau de quelques tissus tels que la peau, l'utérus ou les ovaires. Deuxièmement le gène de la CRABP II est régulé directement par l'ARtt (44). Enfin, des données récentes ont localisé la CRABP II au niveau nucléaire, montrant son implication dans un complexe faisant intervenir les médiateurs de la voie de signalisation des rétinoïdes: les "Retinoic Acid Receptors" ou RARs et les "Retinoid X Receptors" ou RXRs. Cette dernière observation suggère l'existence de deux modes de transfert de l'ARtt des CRABPs vers les RARs. Le transfert de l'ARtt de CRABP I vers les RARs impliquerait une dissociation du ligand suivi d'une association avec son récepteur alors que le mouvement de CRABP II vers les RARs met en jeu une interaction directe entre CRABP II et RAR (Figure n°4). CRABP II apparaît alors comme un co-activateur de la voie de signalisation des rétinoïdes (45 ; 46).

Figure n°4: Transfert de l'ARtt, (46)

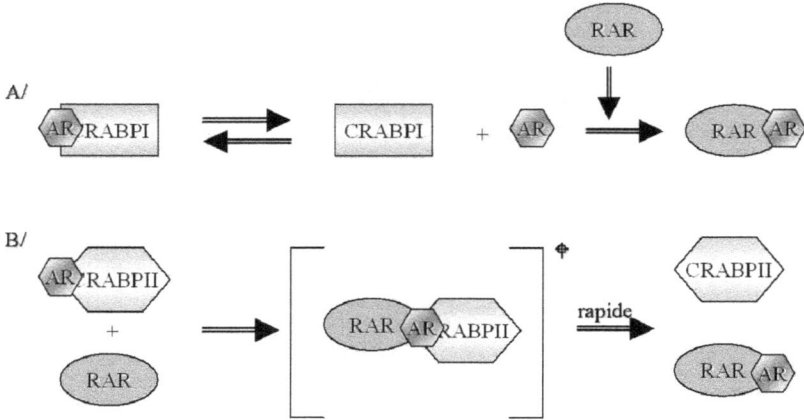

AR : Acide rétinoïque ; CRABP : Cellular retinoid binding protein ; RAR : retinoic acid receptor.

Selon la CRABP présente, il existe deux modes de transfert de l'ARtt des CRABPs vers les RARs. A/ Le transfert de l'AR de CRABPI vers les RARs nécessite une dissociation du ligand avant son association avec le RAR. B/ Le transfert de CRABPII vers les RARs implique une interaction directe entre CRABPII et le RAR.

1.1.4 Les récepteurs nucléaires de l'ARtt

Les récepteurs nucléaires sont regroupés au sein d'une superfamille de protéines comprenant aujourd'hui plus de 150 membres classés en quatre catégories. Ce classement s'opère en fonction de leurs propriétés de dimérisation et de liaison à l'ADN (Acide DesoxyriboNucléique) au niveau de séquences spécifiques ou éléments de réponse aux hormones (HRE) (47) (Figure n°5). Les récepteurs nucléaires de classe I fonctionnent sous forme d'homodimères (deux récepteurs de même nature) induits par la fixation du ligand. Cette classe de récepteurs comprend les récepteurs des glucocorticoïdes (« Glucocorticoïd Receptor » ou GR), des estrogènes (« Estrogen Receptor » ou ER), des minéralocorticoïdes (« Mineralocorticoïd Receptor » ou MR), de la progestérone (« Progesterone Receptor » ou PR) et des androgènes (« Androgen Receptor » ou AR').

16

Figure n°5 : Classification des récepteurs nucléaires (47)

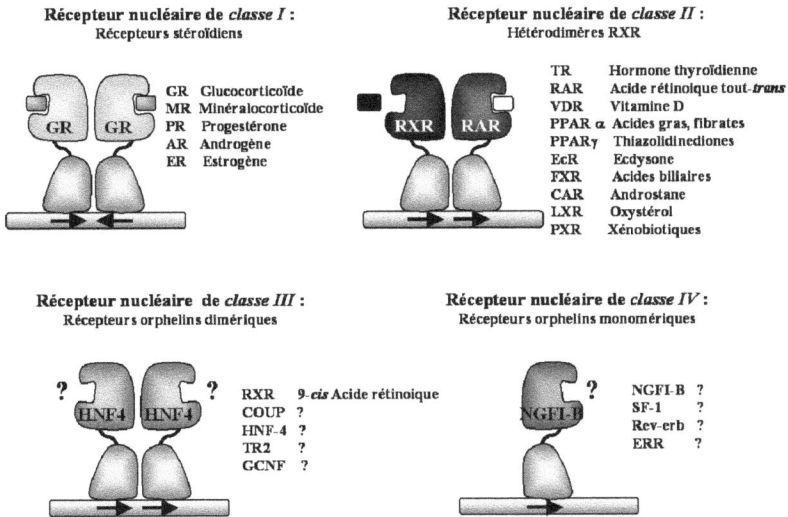

Récepteur nucléaire de *classe I* :
Récepteurs stéroïdiens

GR	Glucocorticoïde
MR	Minéralocorticoïde
PR	Progestérone
AR	Androgène
ER	Estrogène

Récepteur nucléaire de *classe II* :
Hétérodimères RXR

TR	Hormone thyroïdienne
RAR	Acide rétinoïque tout-*trans*
VDR	Vitamine D
PPAR α	Acides gras, fibrates
PPARγ	Thiazolidinediones
EcR	Ecdysone
FXR	Acides biliaires
CAR	Androstane
LXR	Oxystérol
PXR	Xénobiotiques

Récepteur nucléaire de *classe III* :
Récepteurs orphelins dimériques

RXR	9-*cis* Acide rétinoïque
COUP	?
HNF-4	?
TR2	?
GCNF	?

Récepteur nucléaire de *classe IV* :
Récepteurs orphelins monomériques

NGFI-B	?
SF-1	?
Rev-erb	?
ERR	?

GR : récepteur des glucocorticoïdes; MR : récepteur des minéralocorticoïdes; PR : récepteur de la progestérone; AR : récepteurs aux androgènes; ER: récepteur des estrogènes; TR : récepteur aux hormones thyroïdiennes; RAR : récepteur de l'acide tout-trans rétinoïque; VDR: récepteur de la vitamine D; PPAR : récepteur activé par les proliférateurs de peroxisomes; EcR : récepteur de l'ecdysone; FXR : récepteurs X du Farnesol; CAR : récepteur constitutif aux androstanes; LXR : récepteur X du foie; PXR : récepteur à la prégnénolone; RXR : récepteur de l'acide 9-cis rétinoïque; COUP-TF : facteur de transcription du promoteur de l'ovalbumine du poulet; HNF-4 : facteur nucléaire 4 de l'hépatocyte; TR2 : Récepteur des testicules; GCNF : Facteur nucléaire des cellules germinales; NGFI-B : facteur de transcription du facteur de croissance neuronal (gène B); SF-1 : facteur stéroïdogénique; Rev Erb : Reverse ErbA; ERR : Récepteur apparenté aux estrogènes.

Les récepteurs nucléaires de classe I fonctionnent sous forme d'homodimères alors que les récepteurs de classe II ont la caractéristique de former des hétérodimères avec RXR. Les récepteurs de classes III et IV sont principalement des « récepteurs orphelins ».

Les récepteurs de classe II ont la caractéristique de former des hétérodimères (deux récepteurs de nature différente) avec les récepteurs de l'acide 9-cis rétinoïque (RXR). A cette classe, appartiennent les récepteurs de l'acide tout-*trans* rétinoïque (« Retinoic Acid Receptor α, β, γ » ou RARα, β, γ), de l'acide 9-*cis* rétinoïque

(« Retinoic X Receptor α, β, γ » ou RXRα, β, γ), des hormones thyroïdiennes (« Thyroid Receptor α, β »ou TRα, β), de la vitamine D (« Vitamin D Receptor » ou VDR), des oxystérols (« Liver X Receptor α, β » ou LXRα, β), des dérivés des acides biliaires (« Farnesol X Receptor » ou FXR) et les récepteurs activés par les proliférateurs de peroxysomes (« Peroxisome Proliferator Activated Receptor α, δ, γ » ou PPARα, δ, γ). Plus récemment, le récepteur orphelin CAR (« Constitutive Androstane Receptor ») exprimé constitutivement au niveau du foie, a été décrit pour appartenir à la classe II (48). De la même façon, le récepteur PXR humain (« Pregnane X Receptor ») et son orthologue SXR chez le rongeur (« Steroid and Xenobiotic Receptor ») ont été décrits comme des récepteurs capables de lier différents stéroïdes et certains xénobiotiques (48). Les récepteurs de classes III et IV sont principalement des « récepteurs orphelins » pour lesquels aucun ligand n'est encore connu (48).

Plus récemment, en 1999, une nouvelle classification, basée sur l'étude des gènes des récepteurs nucléaires au cours de l'évolution, a été crée par le comité international pour unifier la nomenclature des membres de la superfamille de récepteurs nucléaires. Cette classification conduit à l'identification de sept sous-familles, classées de NR0 à NR6, qui elles-mêmes incluent différents groupes de récepteurs (Tableau n°2). La sous-famille NR0 est un peu particulière puisqu'elle regroupe les récepteurs n'ayant que l'un des deux domaines conservés des récepteurs nucléaires. Ainsi, dans cette nouvelle classification, tous les gènes homologues, identifiés chez plusieurs espèces, portent le même nom. Lorsqu'il n'existe pas d'homologue, le gène forme alors un groupe différent dans la même sous-famille, qui peut être lui-même encore redivisé en sous-groupes. Ainsi, dans la famille NR1 se trouvent, par exemple, les récepteurs des hormones thyroïdiennes désignés par NR1A et les récepteurs de l'acide rétinoïque (RARs) nommés NR1B. Les sous-types α, β, γ correspondent aux chiffres 1, 2 et 3 et les isoformes sont représentées par des lettres minuscules de l'alphabet romain. Ainsi, l'isoforme RARα1 est appelée dans cette nomenclature NR1B1a.

Tableau n°2: Classement de récepteurs nucléaires, (année 2003)

Sous-Famille	Groupe	Dénomination	hormones
NR1			
TR	A	Thyroid hormone receptor	Hormones thyroïdiennes
RAR	B	Retinoic acid receptor	ARtt et 9*cis*-AR
PPAR	C	Peroxisome proliferator activated	Eicosanoïdes
RevErb	D	receptor	Inconnu
LXR	H	Reverse Erb	Oxystéroles
VDR	I	Liver X receptor	Vitamine D_3
CAR/MB67	I	Vitamin D receptor	Androstanes
NR2		Constitutive androstane receptor	
HNF-4	A		Acyl-CoA Thioesters
RXR	B	Hepatocyte nuclear factor 4	9*cis*-AR
TR2	C	Retinoïd X receptor	Inconnu
TLX	E	Testis receptor	Inconnu
Coup-TF	F	Tailles related receptor	Inconnu
		Chicken ovalbumine upstream promoter	
NR3		transcription factor	
ER	A		Estradiole
ERR	B	Estrogen receptor	Inconnu
GR	C	Estrogen-related receptor	Glucocortcoïdes
AR'	C	Glucocorticoid receptor	Androgènes
NR4		Androgen receptor	
NGFI-B	A		Inconnu
NR5		NGF-induced clone B	
SF-1/FTZ-F1	A	Steroidogenic factor1 / Fushi Tarazu	Oxystérole

NR6 GCNF	A	factor1	Inconnu
NR 0	B	Germ cell nuclear factor	Inconnu
SHP	B		Inconnu
DAX-1		Small heterodimeric partner	
		Dosage-sensitive sex reversal	

Nous nous focaliserons sur les récepteurs impliqués dans la voie de signalisation de l'acide rétinoïque: les RARs et les RXRs.

1.1.5 Les récepteurs des rétinoïdes

Après son transport dans le noyau, l'ARtt est capable de réguler la transcription de gènes en se liant à des récepteurs spécifiques. Ces récepteurs nucléaires aux rétinoïdes, RARs et RXRs, appartiennent à la superfamille des récepteurs nucléaires et plus précisément aux sous-familles NR1 et NR2 respectivement. La famille des RARs est activée par l'ARtt et le 9-*cis*AR alors que la famille des RXRs est activée exclusivement par le 9-*cis*AR. La présence de ces récepteurs au niveau cytosolique reste aujourd'hui très controversée.

1.1.5.1 Les gènes des RARs et RXRs

Les familles des RARs et RXRs se composent de trois sous-types chacune (α, β, γ), lesquels sont codés par des gènes différents. Ainsi, en 1987, 1988 et 1989, trois gènes distincts correspondant aux sous-types RARα (49 ; 50), RARβ (51) et RARγ (52) ont été clonés chez l'homme. En 1990, un nouveau récepteur incapable de lier l'ARtt mais activé par des rétinoïdes est cloné: RXR (53). Tout d'abord considéré comme un récepteur orphelin, on lui connaît aujourd'hui un ligand unique, 9-cisAR. Ultérieurement, cinq gènes correspondant aux différents sous-types de RXR (54 ; 55), RXRα, RXRβ, RXRγ, RXRδ et RXRϵ ont été identifiés et clonés. Les deux derniers sous-types, ne lient pas le 9-*cis*AR (56) (Tableau n°3). Plus récemment, une nouvelle classe d'isoformes de RARα a été identifiée dans des lymphocytes B: RARα1δB et RARα1δBC (57).

Tableau n°3: Localisation chromosomique des RARs et RXRs et leurs isoformes, (D'après 58)

Gènes	Isoformes	Localisation Chromosomique
RARα	α1,α2	17q21.1
RARβ	β1,β2,β3,β4	3p24
RARγ	γ1, γ2	12q13
RXRα	α1,α2	9q34.3
RXRβ	β1,β2	6p21.3
RXRγ	γ1, γ2	1q22-q23

L'analyse de la région promotrice des gènes codant pour les sous-types de RARs a permis de mettre en évidence l'existence de deux promoteurs alternatifs donnant naissance à des transcrits différents selon le tissu étudié (59). Parallèlement, il a été montré l'existence de phénomènes d'épissages alternatifs (60) des deux transcrits possibles, conduisant à la synthèse de plusieurs isoformes pour chaque type de récepteurs comme RARα1 et RARα2. De plus, l'étude de l'expression de ces gènes au cours du développement et chez l'adulte a révélé une régulation spatio-temporelle extrêmement précise, suggérant l'existence de fonctions spécifiques pour chaque isoforme de récepteurs (61). Les mêmes types de mécanismes permettent la synthèse de plusieurs isoformes à partir d'un gène RXR donné (61 ; 62), et on observe là aussi, une régulation très fine de l'expression des RXRs au cours du développement et chez l'adulte.

La traduction de la séquence codante des gènes de la famille des RARs et RXRs engendre des protéines de 410 à 462 acides aminés présentant de fortes homologies de structure. En effet, en comparaison avec les sous-types α, RARβ/γ et RXRβ/γ présentent respectivement 97% et 95% d'homologie au niveau de leur domaine de liaison à l'ADN et de 84% à 92% d'homologie pour le domaine de liaison du ligand. Par ailleurs, Le pourcentage d'homologie entre le domaine de liaison à l'ADN de RXRα et de RARα est de 62% contre seulement 27% pour le domaine de liaison du ligand (63 ; 64). La famille des RARs et des RXRs ont une structure semblable, propre à la superfamille des récepteurs nucléaires.

1.1.5.2 Structure des RARs et RXRs

La structure des protéines membres de la superfamille des récepteurs nucléaires est extrêmement bien conservée au cours de l'évolution. Elle se caractérise par la présence de cinq à six régions (A à F), définis par leur homologie entre membres de la superfamille et par des analyses de mutagenèses dirigées (65 ; 66) (Figure n°6). La région A/B à l'extrémité N-terminale, présente la plus forte variabilité entre les différents membres des familles RARs et RXRs. Alors que les régions B sont relativement bien conservées entre les trois sous-types α, β et γ, les régions A n'ont aucun lien de parenté (58). Cette région comporte une fonction de transactivation indépendante du ligand appelée AF-1 pour « Activation Fonction-1 » (67 ; 68). L'activité AF-1 dépend du type cellulaire et du promoteur considéré. D'autre part, cette région est une cible de phosphorylation pour de nombreuses voies. Les RARs peuvent ainsi être phosphorylés par des kinases dépendantes des cyclines ou CDKs pour "Cyclin Dependent Kinases". Cette phosphorylation semble importante pour réguler l'activité transcriptionnelle du récepteur (69 , 70).

La région C ou DBD ("DNA Binding Domain"), constituée de 66 acides aminés dont 9 cystéines, correspond au domaine de liaison à l'ADN (Figure n°7). Il se caractérise par la présence de deux motifs en doigt de zinc très conservés entre les différents sous-types d'une même famille. Dans chaque motif, quatre cystéines forment des liaisons de coordinance avec un ion de zinc aboutissant à un arrangement tétraédrique (48).

Figure n°6: Structure des RARs et RXRs et % d'homologie
des domaines C et E

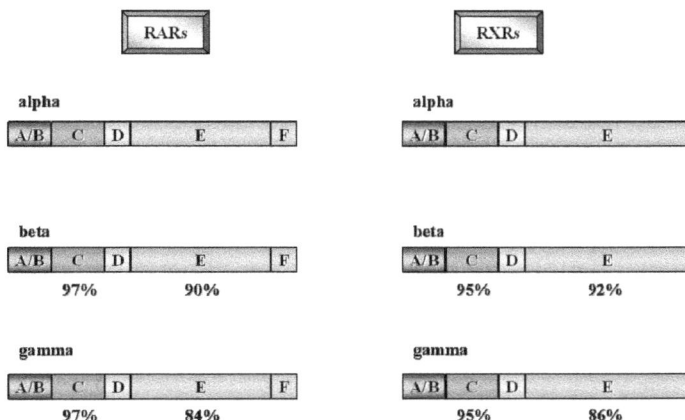

Les RARs et les RXRs sont constitués respectivement de 6 et 5 régions dont la région C correspondant au domaine de liaison à l'ADN et la région E correspondant au domaine de liaison du ligand.

L'analyse des propriétés de récepteurs chimériques et des homologies entre les différents récepteurs de la superfamille a permis de mettre en évidence les rôles distincts et complémentaires joués par les deux doigts de zinc. Il semblerait que le premier motif et plus précisément les acides aminés formant la boîte-P soit impliqué dans la spécificité de reconnaissance et de liaison sur l'élément de réponse alors que le deuxième motif est responsable de la reconnaissance de l'espace séparant les deux demi-sites de l'élément de réponse (71 ; 72). Des études ont également montré l'implication de résidus formant la boîte-B du deuxième motif dans la dimérisation des récepteurs (73 ; 74 ; 75) ainsi que dans la polarisation de ces dimères liés à l'ADN

23

(76). La conservation inter- et intra-espèces de la région D, qualifiée de région charnière, suggère qu'elle peut être impliquée dans des fonctions RARs-spécifiques.

Figure n°7: le domaine de liaison à l'ADN, (48)

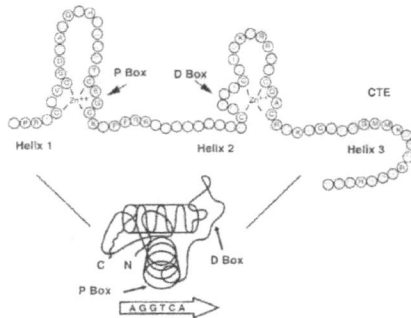

Le domaine de liaison à l'ADN se compose de deux motifs en doigt de zinc et d'une extrémité C-terminale (CTE). Au niveau des doigts de zinc, les 4 cystéines conservées forment des liaisons covalentes avec un ion de zinc. D'autres résidus également conservés sont désignés par la lettre qui leur correspond. L'hélice 1 contient la boîte P impliquée dans la spécificité de reconnaissance et de liaison sur l'élément de réponse. Le deuxième doigt de zinc représente la boîte D responsable de la reconnaissance de l'espace séparant les deux demi-sites de l'élément de réponse.

La région E, constituée de 220 acides aminés, est également hautement conservée entre les trois sous-types RARs (84 à 90%) et RXRs (88 à 95%). Cette région est fonctionnellement très complexe par la présence d'un domaine de liaison du ligand (LDB), d'une fonction activation transcriptionnelle ligand-dépendante (AF2) (68) et d'une surface de dimérisation (58 ; 77). La structure de la région E a été étudiée par cristallographie. Elle se compose de 12 hélices α (H1-H12) et d'un coude β (78 ; 79) (Figure n°8). La position de l'hélice H12 traduit l'état activé ou non du récepteur. En effet, la fixation du ligand induirait d'une part des modifications structurales conduisant à la fermeture du site de liaison par l'hélice H12 et à la stabilisation du complexe ligand-récepteur, et d'autre part, un relargage de co-répresseurs associé à l'émergence d'une interface capable de lier des protéines co-activatrices (48 ; 80 ; 81).

La région F est présente uniquement dans la structure des RARs. Situé à l'extrémité C-terminale, elle ne porte pas de fonction connue.

Figure n°8: Domaine de liaison du ligand, (58)

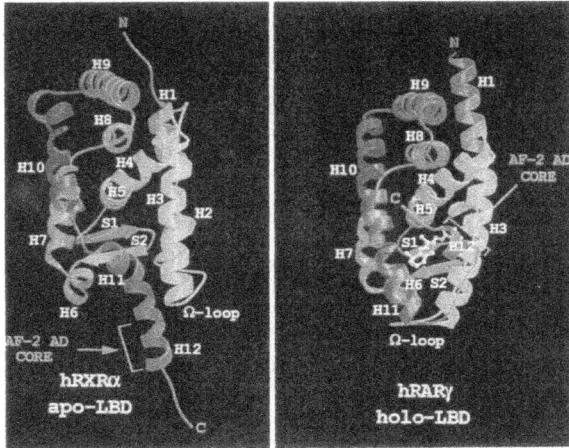

Apo-LBD: récepteur libre. Holo-LBD: récepteur lié à son ligand

Ces schémas d'un RXRα dont le domaine de liaison du ligand (LBD) est libre et d'un RARγ lié à l'ARtt montrent le changement de conformation de l'interface de liaison (AF2 core) entre le récepteur et son ligand.

1.1.5.3 Dimérisation

Les premières études sur le fonctionnement des RARs proposaient le même modèle que celui des hormones stéroïdiennes, lesquelles se fixent à leurs éléments de réponse sous forme d'homodimères (82). Par la suite, des observations indiquant que des homodimères de RARs purifiés ne pouvaient se lier à leur élément de réponse RARE ("Retinoic Acid Response Element") infirmirent rapidement cette hypothèse. Dès lors, les recherches s'orientèrent vers des protéines susceptibles d'interagir avec les RARs. De manière inattendue, plusieurs laboratoires ont démontré que RXRα, β et γ stimulent la liaison non seulement des RARs mais également des récepteurs de la vitamine D et des hormones thyroïdiennes en formant des hétérodimères avec ces récepteurs (55 ; 83-88).

1.1.5.4 Fixation sur l'élément de réponse RARE

En absence de ligand, les dimères RAR-RXR sont capables d'interagir avec leurs éléments de réponse RARE. Ceux-ci se définissent comme une répétition directe (DR) d'une séquence consensus 5'PuG(G/A)(T/A)CA3', séparée par un nombre variable de nucléotides (1, 2 et 5). DR5, le motif contenant un espace de cinq nucléotides est l'élément de réponse le plus fréquemment observé. On le retrouve par exemple, au niveau des gènes des récepteurs RARβ2 et RARα2. Toutefois, des éléments de réponse composés de palindromes (répétition inversée) ou d'arrangements plus complexes comportant deux ou trois hexamères d'orientation variable et de larges espacements ont été identifiés comme RAREs (58). Lors de la fixation du dimère sur l'élément de réponse, la polarité affecte directement son potentiel de liaison du ligand par les changements de conformation évoqués précédemment (cf 1.1.5.2) et sa capacité d'activation transcriptionnelle (74 ; 76 ; 89 ; 90). Sur les éléments de réponses DR5, RXR occupe le demi-site en 5' de l'élément de réponse, ainsi la sous-unité RAR peut fixer son ligand et activer le promoteur du gène cible. A l'opposé, sur un DR1, la polarité est inversée et la sous-unité RAR ne peut plus fixer son ligand, engendrant ainsi la fixation d'un complexe inactif qui inhibe la transcription du gène situé en aval. Dans cet arrangement, il est proposé que la fixation du ligand soit empêchée par les changements de conformation induits par la dimérisation (48 ; 91).

1.1.5.5 Activation du complexe RAR/RXR et transcription du gène cible

En absence de ligand ou en présence d'antagonistes, la liaison d'un complexe RAR/RXR à RARE réprime l'expression des gènes cibles. Ce mécanisme de répression s'explique par le recrutement de complexes contenant des histones déacétylases (HDAC) et des co-répresseurs (NCoRs) (tableau n°4, Figure n°9). La liaison de l'ARtt au RAR déstabilise l'interface d'interaction avec les NCoRs et induit un changement conformationnel du LBD notamment au niveau de l'hélice H12. Le récepteur RAR ainsi activé, met en place une nouvelle interface impliquant la fonction de transactivation AF2 et pouvant interagir avec des co-activateurs de la famille P160 comme SRC-1 ("Steroid Receptor Co-Activator") (92) ou TIF2 (93) chez l'humain (tableau n°4) et des histones acétylases telles que CBP (« CREB Binding Protein ») (94) ou SRC-1, lesquels stimulent l'activité d'AF2 et par conséquent initient la machinerie transcriptionnelle (58 ; 95 ; 96) (Figure n°9).

Tableau n°4: les co-répresseurs et co-activateurs des récepteurs des rétinoïdes

Protéines	Récepteurs	Références
➢ Co-activateurs		
Famille P160		
SRC-1*/NcoA1	RXR, RAR	96 ; 94
p/CIP/ACTR*/AIB1	RAR, RXR	97
TIF2/GRIP1/NcoA2	RAR, RXR	93 ; 98
TIF1[1]	RAR	99
Famille p300:		
CBP*/p300	RAR, RXR	94 ; 100
p/CAF*	RAR	101 ; 102
➢ Co-represseurs		
NCoR	RAR, RXR	103 ; 104
SMRT	RAR, RXR	80 ; 104

*1: protéines identifiées par leur association avec les récepteurs nucléaires activés par leur ligand mais ne potentialisant pas l'effet transactivateur des récepteurs activés in vitro. *: protéines possédant une activité histone acétylase. ACTR:"Activator of the TR and RAR/TR activator molecule"; AIB1:"Amplified in breast Cancer"; CBP:"Creb Binding Protein"; GRIP: "Glucocorticoid Receptor Interacting Proteins"; NCoA: "Nuclear Receptor coActivator"; NCoR: " Nuclear Receptor Corepressor"; p/CAF: "p300/CBP Associated Factor" pCIP: " p300/CBPassociated Protein"; SMRT: " Silencing Mediator for Retinoid and Thyroid hormone"; SRC-1: "Steroid Receptor Co-Activator"; TIF: "Transcription Intermediary factor".*

Figure n°9: Mécanisme transcriptionnelle par RAR/RXR, (95)

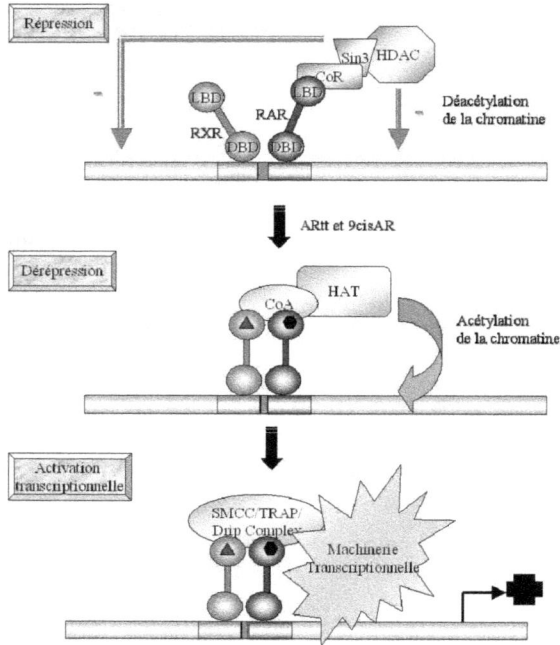

En absence d'agonistes, les complexes de co-répresseurs sont liés à l'hétérodimère RAR/RXR. Les co-répresseurs (Co-Rs) NCoR ou SMRT joignent l'hétérodimère aux histones déacétylases (HDACs) par l'intermédiaire d'une protéine SIN3. Les HDACs suppriment les groupements acétyl des histones engendrant ainsi une condensation de la chromatine et une répression du gène. Lors de la liaison d'un agoniste, un changement conformationnel du domaine de liaison du ligand (LBD) déstabilise l'interface avec les co-répresseurs et favorise l'interaction avec les co-activateurs (CoAs). Ces derniers vont recruter (ou pré-existent en complexe avec) des histones acetyltransférases (HATs), lesquelles vont décondenser la chromatine. Des résultats suggèrent la présence d'un troisième complexe appelé TRAP ("Tyroid Hormone Receptor Associated Protein"), DRIP ("vitamine D Receptor Interacting Protein") ou encore SMCC (Srb and Mediator protein Containing Complexe") qui établirait le contact avec la machinerie.

La formation d'hétérodimères RXR/RAR pose le problème de leur capacité d'activation par le 9-*cis*AR. Malgré quelques controverses, il semblerait que le RXR soit incapable de lier le 9-*cis*AR en absence du ligand spécifique des RARs (90 ; 105), indiquant ainsi que l'activation du RXR est subordonnée à l'activation préalable de son partenaire. Toutefois, la liaison du 9-*cis*AR sur RXR, lorsque RAR est lui-même lié à son ligand, engendre une augmentation de l'activité transcriptionnelle initiale (106). RAR/RXR est appelé hétérodimère non permissif (Figure n°10) par rapport aux hétérocomplexes permissifs comme PPAR/RXR où la liaison du 9-*cis*AR au RXR engendre la transactivation d'un gène en présence d'un Apo-PPAR (48).

Figure n°10: RAR/RXR: un hétérocomplexe non permissif, (48)

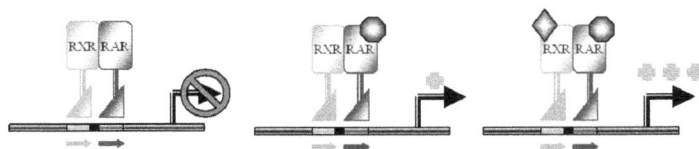

L'association du ligand des RXRs, le 9-*cis*AR, sur RAR/RXR n'est possible qu'en présence d'un ligand des RARs. Cette liaison engendre une augmentation de l'activité transcriptionnelle initiale. RAR/RXR est appelé hétérodimère non permissif en opposition aux hétérocomplexes permissifs comme PPAR/RXR où la liaison du 9-*cis*AR au RXR engendre une transactivation du gène cible en absence du ligand de PPAR.

1.1.6 Interaction avec d'autres voies transcriptionelles

1.1.6.1 Phosphorylation des récepteurs

La voie de signalisation de l'acide rétinoïque ne peut être considérée comme isolée. Elle interagit d'une part avec les voies de signalisation d'autres récepteurs nucléaires par l'intermédiaire de leur partenaire commun RXR, et d'autre part avec différentes voies de signalisation initiées au niveau membranaire. A titre d'exemple, la liaison d'un hétérodimère RAR/RXR sur un DR1 réprime la réponse engendrée par la liaison d'un homodimère de RXR sur ce même élément (90). De même, l'hétérodimère VDR/RXR peut se lier à RARE sous sa forme inactive, et dans ces conditions agir comme un inhibiteur de la voie de l'ARtt (107).

La notion de communication entre signalisation nucléaire et membranaire est apparue avec la mise en évidence de la phosphorylation des RARs *in vivo* (108 ; 109) et de l'influence de cette modification post-traductionnelle sur l'activité

29

transactivatrice des récepteurs (110). Cette phosphorylation du récepteur peut être effectuée par un grand nombre de protéines kinases, incluant la protéine kinase A, la caséine kinase, les protéines kinases activées par les mitogènes (MAPKs: "Mitogen Activated Protein Kinases"), et les CDKs (48). CDK7, par exemple, phosphoryle la fonction AF-1 de RARα et γ, ce qui module l'activité transcriptionnelle de ces récepteurs de manière gène-dépendant (70 ; 111). Cette phosphorylation dépendante du ligand de RARα et γ engendre la dégradation des récepteurs impliqués par les protéasomes, tout en étant un facteur décisif de l'activation transcriptionnelle. On notera toutefois que la dégradation de RARγ ne dépend pas seulement de sa phosphorylation mais également de sa dimérisation avec RXRα1 (112). Il semblerait en effet que l'activation du dimère RAR/RXR par l'ARtt initie non seulement la transactivation mais également l'hyperphosphorylation du récepteur RAR et par conséquent sa dégradation par les protéasomes (113 ; 114).

1.1.6.2 Interaction avec le complexe AP-1

L'interaction avec le complexe AP-1 représente la deuxième importante interaction de la voie des récepteurs nucléaires. AP-1 consiste en une combinaison homodimérique et /ou hétérodimérique de facteurs de transcription dits "leucine zipper" incluant Jun et Fos. Une fois AP-1 lié à l'ADN, l'activité de ces protéines est régulée par les membres de la famille des MAPKinases, lesquels phosphorylent des résidus spécifiques de leur domaine de transactivation. L'existence de phénomènes d'interférences entre le complexe AP-1 et la voie de signalisation de l'ARtt est illustrée par l'analyse de la régulation transcriptionnelle des gènes de la stromélysine (115), de la collagénase (116) et du "Transforming Growth Factor-β1" ou TGF-β1 (117). Celles-ci décrivent l'inhibition réciproque engendrée par la surexpression de RAR et RXR ou du complexe AP-1 sans que l'on puisse mettre en évidence une interaction directe entre les deux types de complexes. Par la suite, la mise en évidence de co-facteurs communs a permis de proposer un mécanisme expliquant ces phénomènes d'inhibition croisée (94 ; 117). L'activation transcriptionnelle via AP-1 nécessite la présence de CBP/p300 (118) or ces protéines appartiennent également au complexe de co-facteurs impliqués dans la transcription de gènes ARtt-dépendants. D'autre part la surexpression de CBP peut lever l'antagonisme des récepteurs nucléaires sur AP-1 (94). L'explication de ce processus serait la suivante: ces co-facteurs étant en présence limitée dans la cellule, la formation d'un complexe particulier influe sur la formation des autres. Il existe ainsi un équilibre dynamique entre les différents complexes transcriptionnels impliquant un co-facteur donné, ce qui contribue à l'intégration des différents stimuli au sein d'une même cellule et permet l'émergence de réponses biologiques particulières.

Plus récemment, Caelles et *al.* ont déterminé un nouveau mécanisme d'inhibition d'AP-1, dans lequel le complexe activé RAR/RXR bloque la cascade des "Jun amino-terminal kinases", ou JNKs, empêchant ainsi toute activation du complexe AP-1 (119) (Figure n°11). Par ailleurs, certains rétinoïdes de synthèse incapables d'activer la voie RARE sont pourvus d'effets inhibiteurs sur le complexe AP-1. Cette observation suggère que les modifications conformationnelles induites par le ligand conduisant à l'activation du récepteur et à l'inhibition du complexe AP-1 sont différentes et dissociables (120 ; 121 ; 122) et que les co-facteurs recrutés par les récepteurs dépendent des propriétés spécifiques du ligand (58).

Les phénomènes d'interférence entre les récepteurs nucléaires des rétinoïdes et le complexe AP-1 sont également liés à la reconnaissance de séquences cibles superposées (48). Ainsi, le promoteur du gène de l'ostéocalcine contient un site de reconnaissance du complexe AP-1 chevauchant un site RARE, ce qui aboutit à un phénomène de compétition entre le complexe AP-1 et RAR/RXR (123).

Les interactions entre les voies de signalisation nucléaires et membranaires de l'acide rétinoïque et du complexe AP-1 peuvent constituer un mécanisme important expliquant les effets antiprolifératifs des rétinoïdes. De même, le découplage de ces deux voies pourrait être impliqué dans les processus de tumorigenèse (124). Dans les carcinomes ovariens, par exemple, un des mécanismes par lequel l'ARtt inhibe la croissance cellulaire est la répression de l'activité AP-1 (125).

Figure n°11: modèle de l'action antagoniste du RAR/RXR sur l'activité AP-1, (119)

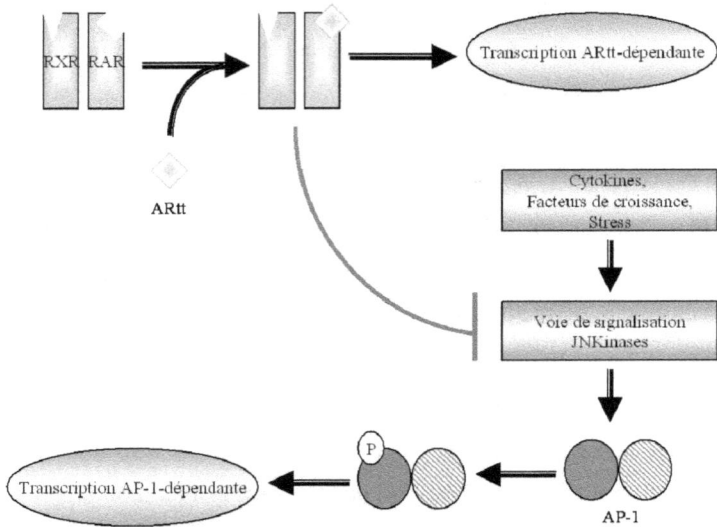

| Le complexe RAR/RXR activé inhibe la voie de signalisation AP-1 en bloquant la cascade des « Jun Amino-terminal Kinases » ou JNKinases. |

1.1.7 Effets biologiques de l'AR

La contribution des rétinoïdes dans la réalisation et la régulation de nombreux processus biologiques est connue depuis de nombreuses années. Il a été montré, d'une part, que les rétinoïdes naturels agissent comme des régulateurs physiologiques dans le développement embryonnaire et la différenciation de certains tissus chez l'adulte, et d'autre part, qu'ils possèdent des propriétés pharmacologiques importantes. L'ARtt est, par exemple, capable de restaurer la régulation normale de la différenciation et la prolifération de certaines cellules malignes ou prémalignes, à la fois *in vitro* et *in vivo* (4 ; 6 ; 126).

1.1.7.1 Effets sur la prolifération et la différenciation cellulaires

L'exemple le plus explicite de l'effet de l'ARtt sur la prolifération et la différenciation cellulaires est son rôle dans le développement. En effet, l'excès ou la déficience en vitamine A peut provoquer différents types de malformations dans des tissus ou organes tels que les yeux ou le système cardiovasculaire. Les exemples les plus connus soulignent le rôle de l'ARtt dans la formation et la régénération des membres chez le poulet (3 ; 127) ainsi que dans la formation du système nerveux central chez les amphibiens (128). Plus récemment, une étude relate le rôle biologique important des apo-RARs, lors de la formation de la tête chez les vertébrés (129).

L'obtention de lignée de souris dont un ou plusieurs gènes codant pour les récepteurs aux rétinoïdes ont été inactivés, a permis de préciser les fonctions des différentes isoformes de RAR et RXR au cours du développement. De manière inattendue, la délétion d'une isoforme d'un seul sous-type de RARα (130), RARβ (131) ou RARγ (132) n'engendre pas de conséquence phénotypique importante alors que l'invalidation des deux isoformes de RARα (133) ou de RARγ (132) génère des malformations ou un retard de croissance létale. Par ailleurs, le développement de souris RAR α et γ -/- présentant tous les effets tératogènes d'un manque de vitamine A (anomalies multiples affectant la tête, le cou, le cœur, les yeux) (5) confirme le rôle direct des RARs au cours de l'oncogénèse et souligne le rôle majeur de l'acide rétinoïque au cours du développement de nombreux tissus et organes (134; 135). Ainsi, dans un contexte physiologique intact, la déficience d'un sous-type ou d'une isoforme de RARs semble être compensée par l'activité d'autres RARs présents, ce qui suggère l'existence de phénomènes de redondance entre les différents récepteurs. Ce modèle est confirmé *in vitro* où les déficiences des cellules F9 RARα-/- sont partiellement levées par une sur-expression de RARγ (136). Le même type d'approche appliqué aux différents sous-types de RXR, met en évidence le rôle majeur de RXRα, capable d'assurer la plupart des fonctions des RXRs au cours du développement (137).

In vitro, l'ARtt peut intervenir dans le processus de prolifération et de différenciation de diverses lignées cellulaires normales ou tumorales (4). L'action positive ou négative des rétinoïdes sur la prolifération et la différenciation est fonction de la concentration ainsi que du type et de l'état des cellules cibles. En effet, les cellules épidermiques prolifèrent en présence d'ARtt alors que celui-ci inhibe la prolifération des fibroblastes 3T3. (126). Selon la même dualité, l'ARtt inhibe la différenciation des cellules épithéliales (138) et induit celle des cellules myéloïdes (139). L'importance de la concentration d'ARtt est illustrée par une étude récente montrant l'inhibition de la prolifération et de la différenciation des sébocytes à faible concentration alors qu'une dose plus importante engendre la différenciation de ces mêmes cellules (140). Tout comme sur les cellules saines, l'action de l'ARtt sur les cellules malignes est fonction de la lignée étudiée et de la dose utilisée. Les rétinoïdes induisent, ainsi, la différenciation endodermique des cellules de tératocarcinome murin F9 (141), alors que dans la lignée EC humaine (NT2/D2/B9), ils induisent la différenciation neuronale (142). Cette capacité des rétinoïdes à induire différentes voies de différenciation indique qu'ils déclenchent des programmes préexistants, lesquels dirigent la différenciation vers des voies spécifiques. Dans cette optique, certaines études suggèrent que les effets des rétinoïdes sur la différenciation dépendent d'autres facteurs de transcription, soit induits par les rétinoïdes eux-mêmes comme les membres de la famille du gène HOX (143), CBP/p300 (144) ou c-Jun (145), soit exprimés constitutivement par la cellule.

Les données présentées ci-dessus sont souvent opposées et montrent la complexité du mode d'action des rétinoïdes et plus particulièrement de l'ARtt. Le contrôle de la prolifération et la différenciation cellulaires est la conséquence de différents mécanismes. La répression de l'expression de protéines du cycle cellulaire est l'un d'eux.

Le cycle cellulaire est un mécanisme par lequel la cellule réplique ses composants puis se scinde en deux. Il se compose de plusieurs phases distinctes. L'étape critique de l'engagement des cellules dans un processus prolifératif est la transition de la phase G1 à la phase S, phase de réplication de l'ADN nucléaire (Figure n°12). Cette transition est fortement dépendante de la taille de la cellule et de la richesse du milieu extracellulaire en facteurs de croissance. Ces derniers induisent la phosphorylation de la protéine pRb pour « Retinoblastoma suppressor protein », processus indispensable pour la progression du cycle. Par conséquent, si la composition du milieu est favorable à la croissance cellulaire, la protéine pRb sera phosphorylée et le cycle cellulaire sera poursuivi. pRb est phosphorylée par des CDKs, elles même régulées par les protéines CAKs (« Cdk Activating Kinases »). La concentration des cyclines augmente puis diminue périodiquement au cours du cycle cellulaire (146).

Figure n°12: le cycle cellulaire, (146)

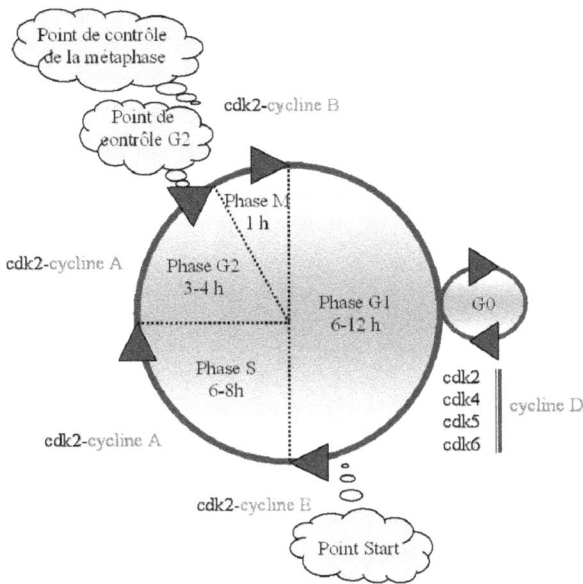

M : mitose ; S : phase de réplication de l'ADN, cdk : » Cyclin Dependent Kinase »

Le cycle cellulaie se compose de 4 phases. A chaque phase est associé un ou plusieurs complexes cdk-cycline

L'ARtt est connu pour induire d'une part la déphosphorylation de Rb (147; 148) et d'autre part la réduction de l'expression des cyclines D1, D3 et E en activant un processus de protéolyse dans les cellules épithéliales mammaires normales ou cancéreuses et dans des cellules épithéliales immortalisées (149; 150), entraînant ainsi l'arrêt du cycle cellulaire en G1 (151). Par ailleurs, l'ARtt diminue l'activité des CDK2 et CDK4 notamment en augmentant l'expression de P21 dont le gène possède un élément de réponse RARE (150).

Le déclenchement de l'apoptose est également un mécanisme majeur dans l'action de l'ARtt puisqu'il a été démontré que les rétinoïdes induisaient la mort de certains types cellulaires (152) et inhibaient l'apoptose chez d'autres (153). Cet effet est RAR-dépendant et spécifique d'un sous-type RAR selon le type cellulaire étudié. Il semblerait que l'ARtt agisse en altérant l'expression de facteurs régulateurs de l'apoptose tels que P21 et BCl2 ou d'enzymes comme les transglutaminases et les sphingomyelinases, lesquels sont impliqués dans l'induction et l'exécution de la mort cellulaire (5). De la même manière, les ligands de RXR peuvent être des inducteurs d'apoptose (154). Un troisième mécanisme a été proposé pour expliquer l'effet inhibiteur de l'ARtt: l'induction de facteurs inhibiteurs de croissance comme le TGF-β. (155-157).

1.1.7.2 Effets immunomodulateurs de l'AR

Depuis les années 1990, l'ARtt est considéré comme un agent immunomodulateur. L'importance des rétinoïdes dans la défense immunitaire s'est révélée par la sensibilité aux infections des animaux ou humains vitamine A-déficients (158).

L'effet de l'ARtt sur les cellules immunitaires dépend du type et de l'environnement cellulaire. En effet, de nombreuses investigations ont montré que l'ARtt augmente l'action d'activateurs de prolifération de cellules immunitaires tels que la phytohémagglutinine et le phorbol myristate (159 ; 160), alors qu'il inhibe la prolifération des lymphocytes B immortalisés avec le virus de Epstein-Barr, du fait de son action sur le cycle cellulaire décrite précédemment (161).

Initialement suggéré par Sidell N. (159) et plus tard par Sherr E. (162), il est aujourd'hui admis que l'ARtt est capable d'augmenter la synthèse d'Immunoglobulines (Ig) par les cellules B probablement en induisant leur différenciation. Toutefois, *in vitro*, les cellules B doivent recevoir un signal d'activation initial avant le traitement à l'ARtt pour augmenter leur synthèse d'Ig. De plus, l'isotype d'Ig produites est fonction des propriétés intrinsèques des lymphocytes B étudiés c'est-à-dire du stade de maturation et de la population de cellules B présentes ainsi que de la concentration de l'ARtt. A titre d'exemple, l'action de l'ARtt n'engendre pas la production du même isotype d'Ig dans les cellules mononucléaires de sang de cordon ombilical qui synthétisent uniquement des IgM que dans les cellules mononucléaires du sang périphérique, lesquelles sont composées principalement de cellules B productrices d'IgG (163). Par ailleurs, il semblerait que l'ARtt induise la production de cytokines impliquées dans la prolifération et la différenciation des cellules B telles que les interleukines IL-1 (164) et IL-6 (163).

L'ARtt a également un effet direct sur les cellules T (165). Des études de préincubation d'ARtt montrent qu'il stimule la libération de facteur de croissance par les cellules T tel que l'IL-2 (166). Ces facteurs de croissance pourraient alors agir sur les cellules B pour augmenter la synthèse d'Ig. Parallèlement, il semblerait que l'ARtt soit important dans l'établissement d'une réponse immunitaire Th1 ou Th2 puisqu'une déficience en vitamine A favorise une réponse Th1 (167).

Parallèlement, des études ont examiné l'effet de l'ARtt sur l'expression des récepteurs des interleukines et des facteurs de croissance. Il semblerait que les rétinoïdes diminuent l'expression des récepteurs de l'IL-2 et 6 respectivement dans les thymocytes et les cellules B alors qu'il augmente l'expression des récepteurs de l'IL-3 et du TGF-β dans les cellules HL60 (163).

1.1.7.3 Rétinoïdes et cancer

Les tumeurs sont caractérisées par une croissance cellulaire anormale accompagnée d'une perte des capacités de différenciation cellulaire. Une relation étroite entre la vitamine A et le développement de cancers a été établie par de nombreuses investigations au cours de ces dernières décennies. En effet, la déficience en vitamine A chez des animaux expérimentaux est associée à une forte probabilité de cancers et à une augmentation de la sensibilité de ces animaux aux agents carcinogènes chimiques (168). Ceci est en adéquation avec des études épidémiologiques indiquant que les personnes ayant un faible apport en vitamine A avaient plus de risques de développer un cancer (99). Ces observations suggèrent qu'un taux physiologique de rétinoïdes protège l'organisme du développement de lésions prémalignes et malignes. Un dysfonctionnement dans la voie de signalisation de l'ARtt peut alors engendrer des désordres physiologiques importants et entraîner certaines formes de cancers. La génération d'un RARα chimérique dans l'APL pour "Acute Promyelocytic Leukemia", par exemple, provoque une leucémie en interférant avec les fonctions des RARs (6). De nombreuses études montrent une perte de l'expression de RARβ dans de multiples stades précoces du développement de cancers tels que les cancers oraux (169) ou les carcinomes du nez et du cou (170). Toutes ces observations ont permis le développement de chémoprévention et de traitement anti-tumoral à base de rétinoïdes et plus particulièrement d'ARtt. Ce dernier est utilisé en traitement chez des patients atteints de cancers de la thyroïde et de la prostate, d'APL et de leucémie ainsi que dans la prévention de la leucoplasie, la kératose actinique et le cancer des cervicales (6 ; 95).

Le mécanisme d'action anti-tumorale de l'ARtt peut être lié, d'une part, à sa capacité d'induire la différenciation et/ou l'apoptose de cellules tumorales et d'inhiber la prolifération de certaines tumeurs (151), et d'autre part, à son activité anti-AP-1, décrite précédemment (95). Le partenaire des RARs étant un élément essentiel à la voie de signalisation de l'ARtt, il participe également à l'action anti-cancéreuse des rétinoïdes particulièrement au niveau de l'activité chimiopréventive de l'AR dans la carcinogénèse de la peau (95).La voie de signalisation du TGF-β

L'étude des "Transforming Growth Factors" ou TGFs a été initiée en 1978, par la découverte de facteurs peptidiques sécrétés par des fibroblastes de souris transformés avec le rétrovirus oncogène de Moloney, les SGF ("Sarcoma Growth factor"). Ces facteurs se caractérisaient par leur aptitude à rentrer en compétition avec l'EGF ("Epidermal Growth Factor") et à induire la transformation phénotypique de cellules saines (171). L'année suivante, des peptides possédant une activité similaire ont été extraits de nombreux surnageants de culture de cellules tumorales, donnant naissance, au terme de "Transforming Growth Factors" (172 ; 173). En 1982, l'isolement des SGFs révèle la présence de deux facteurs distincts, le TGF-α apparenté à l'EGF dont il partage les récepteurs membranaires et le TGF-β, précurseur d'une nouvelle famille de TGFs (174 ; 175). Ultérieurement les TGF-βs ont pu être purifiés à partir de tissus sains tels que les plaquettes sanguines, le placenta ou l'os (173). Depuis le clonage du TGF-β1 en 1985 (176), une quarantaine de facteurs structurellement proches du TGF-β a été identifiée et forme aujourd'hui la "superfamille des facteurs de croissance TGF-β".

1.1.8 La superfamille des TGF-β

La superfamille des TGF-β est constituée de protéines sécrétées qui ont en commun d'une part un motif structural appelé "nœud de cystéine" et d'autre part, la capacité de se lier à des récepteurs membranaires de type sérine/thréonine kinase. Chacun de ces facteurs est capable de réguler un nombre important de processus cellulaires incluant la prolifération et la différenciation cellulaires, l'apoptose et l'adhésion. Produits par de nombreux types cellulaires, ils jouent un rôle proéminent lors du développement, de l'homéostasie ou de la réparation tissulaire mais ils sont également les acteurs de multiples pathologies telles que le cancer, la fibrose et les maladies auto-immunes (177; 178; 179). Les membres de la famille du TGF-β sont considérés comme des hormones multifonctionnelles, la nature de leurs effets dépendant du contexte cellulaire du type et l'état de la cellule. A titre d'exemple, le TGF-β1 peut inhiber la prolifération de plusieurs types cellulaires comme les kératinocytes, mais il se comporte comme un puissant mitogène pour les cellules mésenchymateuses notamment les fibroblastes. Le TGF-β1 peut également inhiber la progression néoplasique dans les stades précoces de la tumorigenèse ou avoir un effet pro-invasif dans les stades tardifs (178 ; 180 ; 181).

1.1.9 Les membres de la superfamille du TGF-β

Une des plus importantes caractéristiques de la superfamille est sa conservation inter- et intra-espèces. Le classement des membres de la superfamille a été effectué en comparant la séquence du domaine actif des protéines matures. Les différentes sous-familles phylogénétiques qui en résultent divergent toute progressivement de la sous famille BMP-2 ("Bone Morphogenetic Protein"). Le tableau n°5 résume les différentes sous-familles et leurs fonctions selon leur degré d'homologie avec BMP-2.

Tableau n °5: la Superfamille des TGF-β (178 ; 182)

Nom (Homologues)	%	Activités représentatives
Sous famille BMP-2		
BMP-2 (Dpp)	100	Gastrulation, neurogénèse, chondrogénèse,
BMP-4	92	apoptose interdigitale
Sous famille BMP-5		
BMP-5 (60 A)	61	Gastrulation, neurogénèse, chondrogénèse,
BMP-6/Vgr1	61	apoptose interdigitale
BMP-7/OP1	60	
BMP-8/OP2	55	

Sous famille GDF-5		
GDF-5/CDMP1	57	Chondrogénèse dans les membres en développement
GDF-6CDMP2	54	
GDF-7	57	
Sous famille Vg1		
GDF-1(Vg1)	42	Vg1: induction du mésoderme axial chez le xénope et le poisson
GDF-3/Vgr2	53	
Sous famille BMP-3		
BMP-3 / ostéogénine	48	Différenciation ostéogénique, formation endochondrale des os, chimiotactisme des monocytes
GDF-10	46	
Sous famille membres intermédiaires		
Nodal (Xnr1-3)	42	Induction du mésoderme axial, asymétrie droite-gauche. Régulation de la différenciation cellulaire à l'intérieur du tube neural
Dorsaline	40	
GDF-8	41	Inhibition de la croissance des muscles squelettiques
GDF-9	34	
Sous famille Activines	42	Production de l'hormone FSH, différenciation des cellules érythroïdes, induction du mésoderme dorsal. Contribue à la survie des cellules nerveuses
Activine β A	42	
Activine β B	37	
Activine β C	40	
Activine β E		

Sous famille TGF-β		
TGF-β1	35	Contrôle de la prolifération et de la
TGF-β2	34	différenciation, cicatrisation, production de la
TGF-β3	36	matrice extracellulaire, immunosuppression
TGF-β4 / TGF-β5		
Sous famille membres éloignés		
MIS/AMH	27	Atrophie des canaux de Müller
Inhibine a	22	Inhibition de la production de la FSH et autres actions des activines
GDNF	23	Survie et différenciation des neurones dopaminergiques du tronc cérébral, développement du rein

BMP: Bone Morphogenetic Protein; Dpp: Decapentaplegic; FHS Follicle-Stimulating Hormone; OP: Osteogenic Protein; GDF: Growth and Differenciation factor; CDMP: Cartilage-derived morphogenetic protein MIS/AMH: Müllerian Inhibiting Substance/Anti-Müllerian Hormone; GDNF: Glial cell-Derived Neurotrophic Factor

Tous les membres cités ont été identifiés chez les mammifères à l'exception de Dpp et 60A (drosophile); Vg1, Xnr1-10 et TGF-β5 (xénope); TGF-β4 et dorsaline (poulet).% représente le pourcentage de similitudes de séquence protéique avec celle de BMP-2. Nous nous intéresserons à la sous-famille du TGF-β.

1.1.10 La sous-famille TGF-β

Cette sous-famille regroupe trois isoformes de TGF-β présentes chez la plupart des mammifères, les TGF-β1, TGF-β2 et TGF-β3 (176 ; 183 - 187). Ces isoformes sont codées par des gènes distincts et leurs expressions sont spécifiques du type et du stade de développement tissulaire. Par exemple, les ARNms (Acide Ribonucléique messagers) du TGF-β1 sont exprimés dans les cellules endothéliales, hématopoïétiques et dans les cellules du tissu conjonctif ; les ARNms du TGF-β2 dans les cellules neuronales et épithéliales tandis que ceux du TGF-β3 sont principalement exprimés dans les cellules mésenchymateuses. TGF-β1, TGF-β2 et TGF-β3 diffèrent également au niveau de leur affinité avec les récepteurs. *In vivo*, la délétion d'une de ces protéines chez la souris, engendre des phénotypes différents selon l'isoforme étudiée. Ainsi, la conservation de ces trois protéines chez la plupart des mammifères suggère une fonction biologique spécifique à chaque isoforme. *In vitro*, les activités de TGF-β1, TGF-β2 et TGF-β3 sont souvent semblables (182 ; 188 ; 189).

Deux autres membres absents chez les mammifères ont été identifiés, les TGF-β4 et TGF-β5 détectés uniquement chez le poulet et le Xénope respectivement (190 ; 191). Les pourcentages d'identités entre les séquences protéiques des isoformes du TGF-β mature sont au minimum de 64% (TGF-β2 et 4) et au maximum de 82% (TGF-β1 et 4) (tableau n°6).

Tableau n°6: Pourcentage d'identité des protéines matures TGF-β, (D'après 191)

	TGF-β1	TGF-β2	TGF-β3	TGF-β4	TGF-β5
TGF-β1	100				
TGF-β2	71	100			
TGF-β3	72	76	100		
TGF-β4	**82**	**64**	71	100	
TGF-β5	76	66	69	72	100

D'un point de vue structural, les TGF-βs partagent la même structure globale incluant un nœud de cystéines. Celui-ci consiste en six cystéines formant trois ponts disulfures qui permettent de rigidifier la protéine et d'une septième cystéine impliquée dans la liaison avec un deuxième monomère (Figure n°13).

Figure n°13: Représentation schématique d'un monomère d'OP-1, membre de la

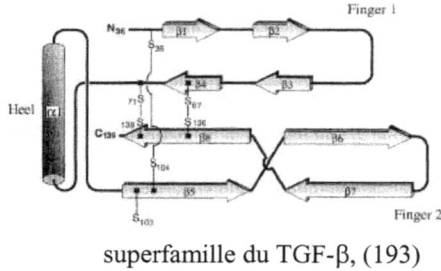

superfamille du TGF-β, (193)

Le nœud de cystéines commun à la superfamille du TGF-β est représenté par les trois ponts disulfures marqués S. La septième cystéine indispensable pour la formation de dimères est matérialisée par S103. L'hélice alpha1 est symbolisée par un cylindre et les brins composants les feuillets β par des flèches. A l'inverse du TGF-β2, la région N-terminal n'est pas stabilisée par un pont disulfure.

Les TGF-βs possèdent deux cystéines de plus en position 7 et 16 qui vont engendrer un quatrième pont disulfure dans la région amino-terminale. La sous-famille des TGF-βs possède donc un ensemble de quatre ponts disulfures intramoléculaires qui rigidifient deux feuillets β antiparallèles (de deux brins chacun) (Figure n°14). *In vitro* comme *in vivo*, les TGF-β forment des dimères de 25 kDa où les monomères sont associés tête-bêche par un pont disulfure intermoléculaire (Figure n°15) (192 ; 193). Parmi les trois isoformes de mammifère, nous avons centré notre intérêt sur le TGF-β1.

Figure n°14: Représentation de la structure tridimensionnelle du TGF-β2, (192)

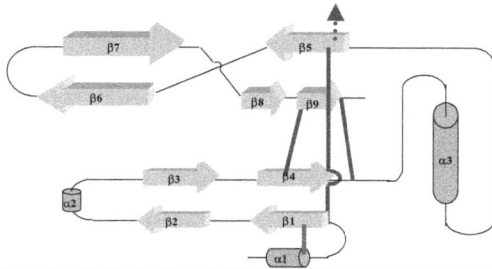

Le nœud de cystéines commun à la superfamille du TGF-β est représenté par les trois ponts disulfures (en bleu). La septième cystéine indispensable pour la formation de dimères est matérialisée par la flèche en pointillés bleus. Le pont disulfure spécifique de la sous-famille TGF-β est en violet. Les hélices alpha sont symbolisées par des cylindres verts et les brins composants les feuillets β par des flèches jaunes.

Figure n°15: représentation schématique d'un dimère de TGF-β1, (232)

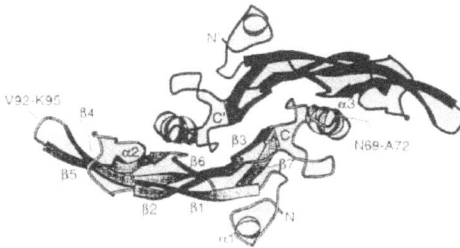

Les TGF-βs forment des dimères de 25 kDa où les monomères sont associés tête-bêche par un pont disulfure intermoléculaire.

1.1.11 Le facteur de croissance TGF-β1

Le TGF-β1 est présent chez de nombreuses espèces (humains, souris, singes…) et est exprimé par une grande variété de cellules et de tissus (plaquettes sanguines, placenta..) (188).

1.1.11.1   Le gène TGF-β1

Le clonage et le séquençage du gène du TGF-β1 des différentes espèces a permis de montrer un extraordinaire degré d'homologie entre le gène murin, bovin, porcin, simien et le gène humain. Ce dernier localisé sur le chromosome 19 au locus 19q13 se divise en 7 exons et 6 introns (Figure n°16) (194). Le TGF-β1 stimule son propre gène. Ce phénomène d'auto-induction implique la fixation des oncoprotéines nucléaires Jun et Fos sur des sites du « Phorbol ester-induced transcription factor » AP-1, situés au niveau du promoteur du gène TGF-β1. AP-1 est un complexe des protéines Jun et Fos lesquelles jouent un rôle primordial dans la croissance cellulaire, la différenciation et le développement. Etant donné que l'expression des gènes Jun et Fos est modulée par plusieurs facteurs, comprenant d'une part les produits de ces gènes et d'autres part le TGF-β1 (195), il s'avère que le contrôle de la transcription du gène TGF-β1 correspond à une boucle complexe de régulation, dans laquelle intervient une multitude de facteurs tels que AP-1, l'EGF (196), le FGF « fibroblast Growth Factor » (197), la vitamine D (198), les rétinoïdes (199 ; 200) ou les glucocorticoïdes (201)

Les souris « knock out » pour le gène TGF-β1 ne présentent pas de multiples altérations du développement embryonnaire toutefois cinquante pour cent des fœtus *tgf-β1* $^{-/-}$ meurent 10,5 jours après la fécondation. Cette mortalité est due à un développement anormal de la membrane vitelline, caractérisé par une vasculogénèse défectueuse et une anémie. Les souris *tgf-β1* $^{-/-}$ développent également une inflammation massive létale de nombreux organes qui commence deux à trois semaines après la naissance (202). TGF-β1 apparaît alors comme un régulateur du système immunitaire. Une dernière caractéristique de ces « knock out » est le manque de cellules de Langherans épithéliales, ce qui suggère tout comme le nombre réduit de cellules érythroïdes, un rôle important du TGF-β1 dans l'hématopoïèse (194 ; 203).

1.1.11.2   Maturation du TGF-β1

La traduction de la séquence codante du gène de TGF-β1 engendre un précurseur de 390 acide-aminés appelé pré-pro-TGF-β. Ce pré-pro-peptide est constitué d'une séquence peptidique signal de sécrétion (acide aminés 1-30), d'un pro-peptide N-terminal appelé « Latency-Associated Peptide » (LAP) ou β1-LAP et d'un fragment C-terminal (acide-aminés 280-390) qui correspond au domaine biologiquement actif, le TGF-β1 mature (Figure n°16). Après le clivage du peptide signal, le pro-TGF-β1 est coupé entre deux résidus arginine, 278 et 279, par une protéase intracellulaire, la furine convertase, et les chaînes peptidiques de LAP sont N-glycolsylées (194 ; 204). La protéine LAP comme le TGF-β1 mature forment alors des homodimères covalents. Les deux chaînes du TGF-β1 mature (25kDa) sont orientées de façon anti-parallèle et restent associées aux deux chaînes du LAP par des liaisons hydrogènes pour former un complexe (105kDa) dans lequel le TGF-β1 est incapable de se lier à son récepteur, c'est le TGF-β1 latent (Figure n°16). Ce complexe nommé « petit complexe latent » permet de maintenir le TGF-β1 dans un état inactif de manière réversible. La latence est une étape critique dans le contrôle de l'activité du TGF-β, elle régule sa bio-disponibilité, lui permet de circuler et d'atteindre les cellules cibles (194 ; 203). La protéine LAP, elle, semble être essentielle pour la sécrétion, le repliement et le transport du complexe, elle peut envelopper le TGF-β1 pour le protéger (205).

Ce « petit complexe latent » est sécrété par de nombreux types cellulaires comme les cellules osseuses normales et tumorales mais la plupart des cellules telles que les plaquettes sanguines sécrètent le TGF-β1 sous forme de « grand complexe latent » (235 à 345 kDa) (Figure n°16). Dans ce complexe ternaire, le « petit complexe latent » est lié de manière covalente au niveau d'une chaîne LAP à une glycoprotéine (120 à 240 kDa) appelée « latent TGF-β1 binding protein » ou LTBP (Figure n°16) (206, 207). En date d'aujourd'hui, quatre ADNc de LTBPs ont été clonés, LTBP-1 chez l'humain et le rat, LTBP-2 chez l'humain et le bovin, LTBP-3 chez la souris et LTBP4 chez l'humain (203 ; 208). Ces glycoprotéines sont des protéines de liaison du calcium composées de deux types distincts de modules répétitifs riches en cystéine : des motifs de type EGF et des motifs à huit résidus de cystéines. Il a été démontré que le troisième motif à huit résidus de cystéines est impliqué dans la liaison de LTBP-1 à LAP et que les deux premiers motifs à huit résidus de cystéines proches de l'extrémité amino-terminale sont responsables de la liaison à la matrice extracellulaire (Figure n°16). Tout comme la fibrilline qui possède les même motifs de cystéines, LTBP est observée sous forme de dépôts fibrillaires extracellulaires dans de nombreux tissus et pourrait servir à cibler le TGF-β latent à la surface cellulaire et dans les matrices péri-cellulaires. Ainsi, LTBP ne confère pas la latence au TGF-β1 mais favorise sa sécrétion, permet son stockage dans la matrice extracellulaire et participe à son activation (194 ; 208 ; 209; 210).

Une troisième forme de TGF-β1 inactif a été identifiée, le complexe α2-macroglobuline native ou transconformée-TGF-β1. Ce complexe est présent dans le plasma et sécrété par un nombre limité de types cellulaires comme les hépatocytes ou les macrophages. Son rôle biologique semble être le transport ou la neutralisation du TGF-β1 (Figure n°17) (182 ; 211).

Il est important de noter qu'un type cellulaire donné synthétise et sécrète souvent plusieurs types de formes latentes simultanément. Par exemple, une lignée de gliobastomes sécrète des petits et grands complexes latents de TGF-β1 (212), des cultures de tissus osseux sécrètent le petit complexe latent de TGF-β1 ainsi que du pro-TGF-β1 non mature (213), tandis que le milieu de cellules stéroïdogènes de cortex surrénal contient un mélange de grands complexes latents de TGF-β1 et de complexes α2-macroglobuline-TGFβ1 (214). La capacité de chaque type cellulaire d'activer ces différents complexes de TGF-β1 latent apparaît comme l'élément déterminant dans la régulation de son activité biologique.

Figure n°16: La biosynthèse du TGF-β1., (194)

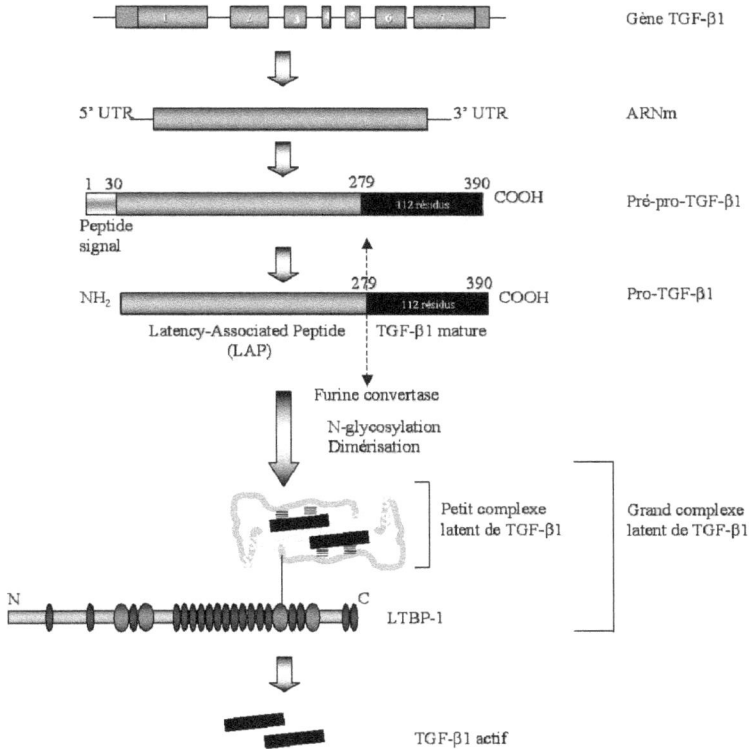

La traduction de la séquence codante engendre un précurseur de 390 acide-aminés appelé pré-pro-TGF-β1. Après clivage du peptide signal, le pro-TGF-β1 est coupé entre les résidus arginines 278 et 279 et les chaînes LAP sont N-glycosylées. Les homodimères covalents de LAP et de TGF-β1 restent cependant associés par des liaisons hydrogènes pour former un complexe inactif appelé petit complexe latent TGF-β1 (105 kDa). Dans de nombreux types cellulaires, une molécule de LTBP-1 pour « Latent TGF-β1 binding protein » est liée de façon covalente à LAP par un pont disulfure pour former le grand complexe latent TGF-β1 de 235 à 345 kDa. L'activation des formes latentes conduit à la libération du dimère de TGF-β mature qui est biologiquement actif.

Figure n°17: Les complexes α2M-TGF-β1, (194)

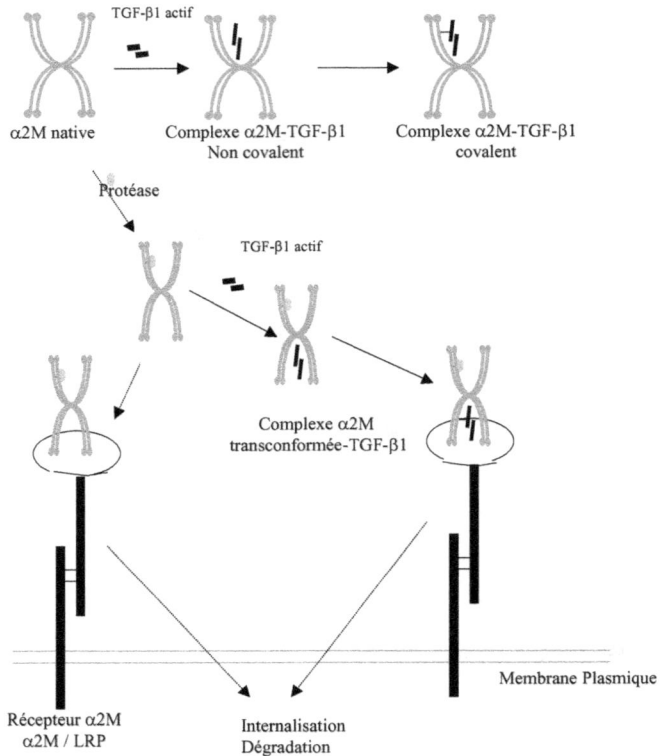

L'α2-macroglobuline (α2M) native lie les protéases par un mécanisme suicide qui conduit à leur séquestration par formation d'une liaison covalente. Simultanément, la conformation de l'α2M est modifiée et la forme transconformée est alors capable de se lier au récepteur membranaire α2M/LRP. Le TGF-β se lie avec une affinité similaire à l'α2M native et à l'α2M transconformée mais n'est pas capable de modifier à lui seul la conformation de l'α2M. Les complexes α2M-LRP étant rapidement internalisés et dégradés, la majeure partie des complexes α2M-TGF-β dans la circulation sanguine met en jeu l'α2M native.

1.1.11.3 Activation du TGF-β1

L'activation et la libération du dimère actif de TGF-β1 peuvent être obtenues par de nombreux processus physico-chimiques ou enzymatiques. Très étudiés *in vitro*, les mécanismes d'activation physico-chimiques tels que l'acidification, l'alcalinisation ou l'addition de détergents ne sont pas utilisés *in vivo,* à l'exception toutefois du pH acide au niveau des cellules osseuses (215 ; 216). A l'heure actuelle, l'activation, à la surface cellulaire, du TGF-β1 via des protéases telles que la plasmine (protéase à sérine) ou la cathépsine D (protéase à aspartate) reste le mécanisme physiologique d'activation protéolytique le mieux caractérisé. L'incubation de TGF-β1 latent en présence de plasmine conduit à une coupure de la protéine LAP à proximité de son extrémité amino-terminale et au relargage de TGF-β1 actif (Figure n°18) (217 ; 218). Cette activation est plus efficace sur le « petit complexe latent » que sur le « grand complexe latent » par la capacité du « petit complexe latent » à se lier aux récepteurs membranaires à l'IGF-II (« Insulin-like Growth Factor » de type II), aux récepteurs du mannose-6-phosphate, par les groupements mannose-6-phosphate de la protéine LAP. Les récepteurs à l'IGF II sont eux même couplés aux récepteurs de l'activateur du plasminogène de sorte que dans ce complexe, le TGF-β1 latent se trouve à proximité du plasminogène, précurseur de la plasmine (219 ; 220). Le « grand complexe latent », lui, doit se lier à la surface cellulaire par la protéine LTBP pour être activé (203 ; 210). La formation de TGF-β1 mature par ce système est un mécanisme d'autorégulation puisque le TGF-β1 est connu pour défavoriser l'activation de la plasmine (203). D'autres protéases, les métalloprotéinases matricielle (MMP) 2 et 9 impliquées dans l'invasion tumorale et l'angiogénèse ont également la capacité de cliver les complexes latents (221 ; 222).

De plus, LTBP-1 a été identifiée comme un nouveau substrat des métalloprotéinases MMP2 et MMP9 solubles. La protéolyse de LTBP-1 par ces deux enzymes apparaît comme un nouveau mécanisme d'activation du « grand complexe latent » dans les ostéoclastes (223). Les MMP9 et MMP2 non solubles, localisées à la surface de la cellule, sont également capables d'activer le TGF-β en clivant le « petit complexe latent » (224).

Figure n°18: Les mécanismes d'activation du TGF-β latent, (194)

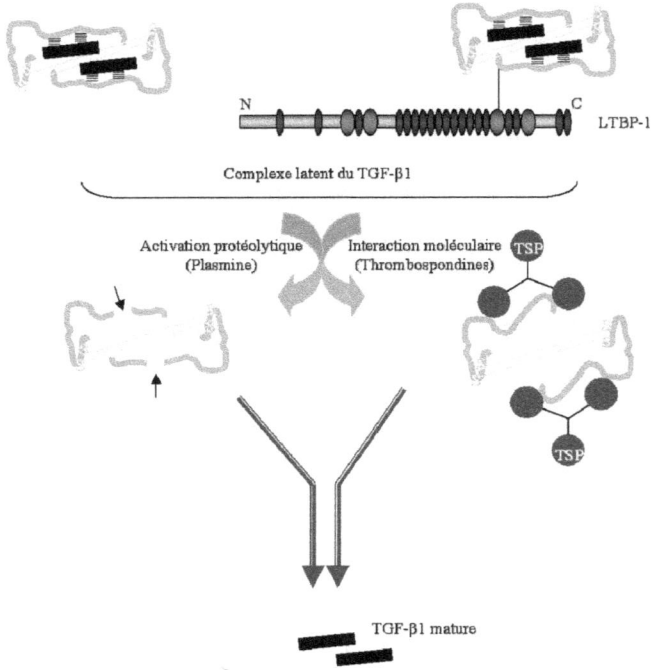

La forme mature dimérique de TGF-β peut être libérée de son complexe latent avec la protéine LAP par deux mécanismes distincts : la coupure protéolytique par la plasmine de l'extrémité amino-terminale de LAP (voie de gauche) et l'interaction moléculaire de LAP avec les thrombospondines (voie de droite). La présence de LTBP dans le complexe latent n'interfère pas avec ces réactions d'activation

Un second mécanisme d'activation non enzymatique a été caractérisé, impliquant notamment les thrombospondines 1 et 2 (TSP). Les TSP1 et 2 sont des protéines trimériques sécrétées par les plaquettes sanguines et activées par la thrombine. En l'absence de tout contact cellulaire, TSP1 apparaît capable d'activer aussi bien la petite que la grande forme latente du TGF-β1 en s'associant à la protéine LAP (225 ; 226). La TSP1 n'a aucun effet sur les complexes α2M-TGF-β1 (211). Ce type d'activation du TGF-β1 semble être particulièrement important *in vivo* puisque les souris *tsp1*^(-/-) ont le même phénotype que les *tgf-β1* ^(-/-) contrairement aux souris déficientes en plasminogène qui ne souffrent pas des lésions inflammatoires caractéristiques des souris *tgf-β1* ^(-/-) (227 ; 228).

Il a également été montré que les complexes latents pouvaient interagir avec les intégrines et plus particulièrement avec αvβ1 et αvβ6 (229). Ces protéines sont des récepteurs membranaires qui permettent notamment l'adhésion des cellules à la matrice extracellulaire. Pour finir, la formation de TGF-β1 actif est stimulée par de nombreuses hormones comme l'acide rétinoïque, l'endotoxine ou la vitamine D3 (203). L'ensemble de ces mécanismes d'activation des complexes latents conduit à la libération de TGF-β1 mature. La demi-vie de cette protéine est faible, de l'ordre de 2 à 3 minutes.

Le taux d'homologie inter-espèces de la séquence du TGF-β1 actif est remarquable, les séquences des TGF-β1 porcin, humain, murin, bovin et simien sont identiques, seul le TGF-β1 de rat présente une différence d'un acide aminé (Figure n°19) (203 ; 230 ; 231).

Figure n°19: Alignement de la séquence de la forme mature du TGF-β1, (D'après 232)

Humain :	ALDTNYCFSS TEKNCCVRQL YIDFRKDLGW KWIHEPKGYH ANFCLGPCPY IWSLDTQYSK VLALYNQHNP GASAAPCCVP QALEPLPIVY YVGRKPKVEQ LSNMIVRSCK CS
Souris :	ALDTNYCFSS TEKNCCVRQL YIDFRKDLGW KWIHEPKGYH ANFCLGPCPY IWSLDTQYSK VLALYNQHNP GASAAPCCVP QALEPLPIVY YVGRKPKVEQ LSNMIVRSCK CS
Bovin :	ALDTNYCFSS TEKNCCVRQL YIDFRKDLGW KWIHEPKGYH ANFCLGPCPY IWSLDTQYSK VLALYNQHNP GASAAPCCVP QALEPLPIVY YVGRKPKVEQ LSNMIVRSCK CS
Porcin:	ALDTNYCFSS TEKNCCVRQL YIDFRKDLGW KWIHEPKGYH ANFCLGPCPY IWSLDTQYSK VLALYNQHNP GASAAPCCVP QALEPLPIVY YVGRKPKVEQ LSNMIVRSCK CS
Singe :	ALDTNYCFSS TEKNCCVRQL YIDFRKDLGW KWIHEPKGYH ANFCLGPCPY IWSLDTQYSK VLALYNQHNP GASAAPCCVP QALEPLPIVY YVGRKPKVEQ LSNMIVRSCK CS
Rat:	ALDTNYCFSS TEKNCCVRQL YIDFRKDLGW KWIHEPKGYH ANFCLGPCPY IWSLDTQYSK VLALYNQHNP GASASPCCVP QALEPLPIVY YVGRKPKVEQ LSNMIVRSCK CS

1.1.11.4   Structure du TGF-β1

La structure du TGF-β1 mature est identique à celle de la sous-famille TGF-β (cf. 1-1-2). *In vitro* comme *in vivo*, il se présente sous la forme d'un homodimère de 25kDa dont les deux chaînes de 112 acides aminés de TGF-β1 orientées de façon anti-parallèle sont reliées par un pont disulfure au niveau des cystéines C77 de chaque monomère (Figure n°16). La structure tridimensionnelle du TGF-β1 a été élucidée par résonance magnétique nucléaire en 1996. Schématiquement, la topologie d'un monomère de TGF-β1 a été décrit par analogie à une main droite légèrement recroquevillée. Les quatre brins de feuillets β anti-parallèles sont représentés par les doigts, le pouce correspond à la partie N-terminale et à l'hélice α1. Le nœud de cystéines et l'hélice α3, constituant le cœur hydrophobe, sont schématisés respectivement par la paume de la main et le poignet (Figure n°20) (232).

Figure n°20 : Représentation schématique d'un monomère de TGF-β

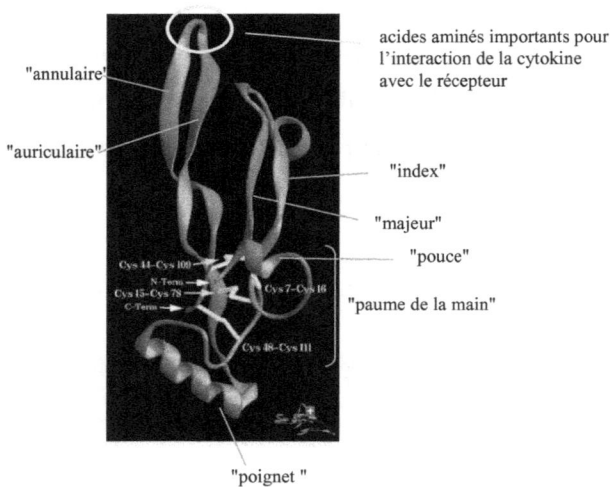

Les ponts disulfures du "nœud de cystéine"sont représentés en traits gris clair épais.Les quatre brins de feuillets anti-parallèles sont représentés par les doigts, le pouce correspond à 54a partie N-terminale et à l'hélice α1. Le cœur hydrophobe, constitué par le nœud de cystéines, et l'hélice α3 est schématisé par la paume de la main et le poignet.

Des études de mutagenèses dirigées ont permis de désigner la région C-terminal contenant les acide aminés 92 (valine), 94 (arginine) et 98 (valine) comme nécessaires pour la spécificité de reconnaissance de TGF-β1 par le récepteur de type II (TβRII) (233).

1.1.12 Effets biologiques du TGF-β1

Le TGF-β1 participe à la régulation de multiples processus biologiques de manière autocrine, paracrine et/ou endocrine. La stimulation ou l'inhibition de ces fonctions physiologiques par le TGF-β1 dépend d'une part du type cellulaire et d'autre part de l'environnement. Nous présenterons les effets du TGF-β1 sur la prolifération et la différenciation ainsi que sur les constituants de la matrice extracellulaire.

1.1.12.1 Effets du TGF-β1 sur la prolifération cellulaire

Le TGF-β1 est capable d'inhiber ou de stimuler la prolifération selon le type cellulaire, les conditions de culture et la composition du milieu comme la présence d'autres facteurs de croissance. Il stimule ainsi la prolifération des ostéoblastes, des chondrocytes ou des cellules mésenchymateuses mais inhibe celle des cellules épithéliales et endothéliales (194). L'importance de l'environnement cellulaire sur la bifonctionnabilité du TGF-β1 peut s'illustrer par l'effet du TGF-β1 sur la croissance des fibroblastes 3T3 transfectés avec le gène Myc (NIH3T3). Le TGF-β1 accroît l'effet stimulateur du PDGF pour « platelet-derived growth factor » sur la formation de colonies de ces cellules tandis qu'il inhibe la formation de ces colonies induites par l'EGF (234).

La stimulation de la prolifération par le TGF-β1 semble être un processus indirect. Elle serait le résultat de l'induction autocrine de facteurs de croissance endogènes tels que le PDGF (235), le CTGF pour « Connective Tissue Growth factor » (236) ou l'expression des récepteurs de l'EGF (237 ; 238). Ces facteurs favorisent notamment l'expression de la cycline D, une protéine du cycle cellulaire et la dégradation de p27^{Kip1}, une protéine inhibitrice de toutes les CDKs (239). Le surcroît de cycline D augmente la formation de complexes CDK4-cycline D ou CDK6-cycline D, lesquels sont alors phosphorylés activant de la sorte la fonction kinase des CDKs. Ces dernières phosphorylent à leur tour pRb (Figure n°21). Ainsi, les cellules engagent leur prolifération (239). D'autres mécanismes impliquant l'expression de l'oncogène c-Fos, de protéines de la matrice extracellulaire et/ou de leurs récepteurs ont également été mis en évidence (240 ; 241).

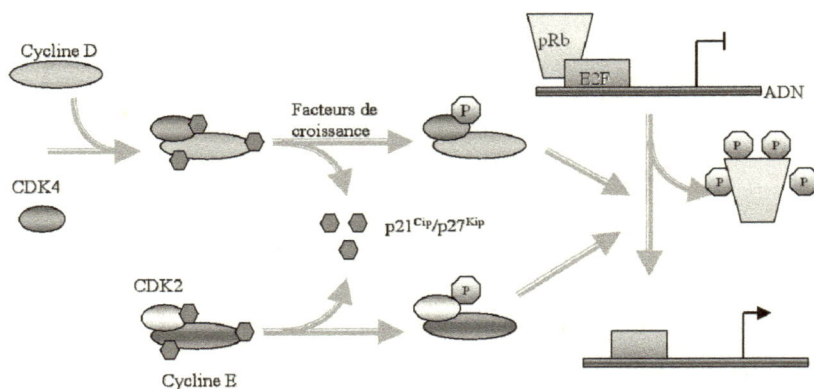

Figure n°21 : Effet des facteurs de croissance sur les complexes cycline-CDK , (239)

CDK : cyclin dependent kinase ; pRb : Retinoblastoma suppressor protein

La présence de facteurs de croissance augmente l'expression de cycline D et la dégradation d'une protéine inhibitrice des CDKs, p27Kip1. Le surcroit de cycline D et l'inhibition de p27^{Kip1} favorise la formation de complexes cycline-CDK. Ces derniers, une fois phosphorylés, vont phosphoryler à leur tour pRb et engager ainsi les cellules dans un processus de prolifération.

L'effet antimitotique du TGF-β1 est décrit comme un processus direct de cette cytokine sur le cycle cellulaire (Figure n°22). Le mécanisme est le suivant : le TGF-β1 arrête le cycle cellulaire en phase G1 tardive en stimulant la production des protéines inhibitrices des CDKs p15^{Ink4B} ou p21^{Cip} (242 ; 243) et en inhibant la fonction ou la production de régulateurs du cycle cellulaire notamment les CDK 2 et 4 et les cyclines A et E (244, 245). L'inhibition des CDK 2 et 4 et des cyclines A et E par le TGF-β1 limite la formation de complexe CDK-cycline qui phosphoryle pRb, et par conséquent conduit à son maintient dans un état hypo-phosphorylé (246). La protéine pRb hypophosphorylée se lie au facteur de transcription E2F, l'empêchant ainsi d'activer la transcription de gènes nécessaires à l'entrée en phase S du cycle cellulaire comme c-myc ou b-myb (182 ; 247).

Figure n°22 : Rôle du TGF-β1 dans l'arrêt du cycle cellulaire, (238).

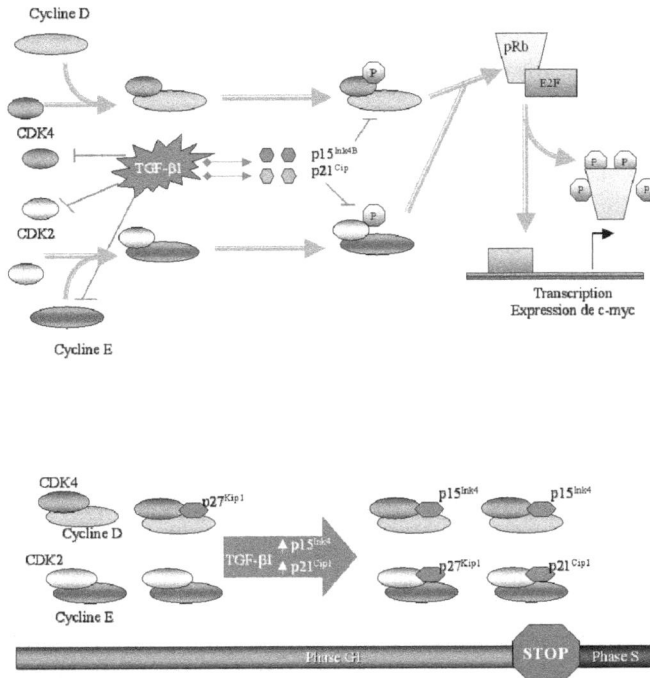

Ces schémas traduisent l'effet inhibiteur du TGF-β sur le cycle cellulaire. A : Le TGF-β réprime l'expression et la fonction des CDK2/4 et des cyclines A/E. B : Stimulation par le TGF-β de la production de protéines inhibitrices des CDKs : P21^{cip} et P15^{Ink4B}.

L'arrêt de la prolifération induite par l'insuline et l'hydrocortisone, sur des cellules épithéliales de rein, par le TGF-β1 ne modifie pas la synthèse protéique induite par ces hormones, ce qui stabilise la cellule dans un état différencié (248). Ainsi, le TGF-β1 n'a pas seulement une action sur la prolifération mais également sur la différenciation de certains types cellulaires.

1.1.12.2 Effets du TGF-β1 sur la différenciation

Les premières études sur les processus et l'expression des fonctions de différenciation engendrées par le TGF-β1 montrent qu'une multitude de lignées cellulaires sont sensibles à son action. Tout comme l'effet du TGF-β1 sur la prolifération cellulaire, l'effet de ce facteur sur la différenciation peut être inhibiteur ou activateur. Le TGF-β1 stimule, par exemple, la différenciation des ostéoblastes (249) et des kératinocytes (250) tandis qu'il inhibe la différenciation des myoblastes (251) et des préadipocytes (252). L'effet du TGF-β1 sur la différenciation est parfois couplé à un effet sur la prolifération. Ainsi, l'addition de TGF-β1 exogène dans le milieu de culture de lymphocytes B activés inhibe non seulement la prolifération mais également la différenciation en réprimant la production d'immunoglobulines (253). A l'inverse, le TGF-β1 inhibe la différenciation des fibroblastes murins en adipocytes induite par l'insuline et les glucocorticoïdes, mais il ne bloque pas l'induction de la prolifération cellulaire par ces deux hormones (252).

Un des mécanismes par lequel le TGF-β1 agit sur la différenciation semble être une modification de l'adhésion cellulaire notamment par la production de protéines de la matrice extracellulaire (254). L'inhibition de la différenciation des préadipocytes en adipocytes matures par le TGF-β1 est corrélée à une altération de l'expression de protéines de la matrice extracellulaire comme la fibronectine et de récepteurs impliqués dans l'adhésion cellulaire (240 ; 252). Par conséquent, les interactions entre le TGF-β1 et la matrice extracellulaire sont au centre des effets du TGF-β1 sur les fonctions physiologiques des cellules.

1.1.12.3 Effets du TGF-β1 sur la matrice extracellulaire

La migration, le chimiotactisme, et la « colonisation » cellulaire lors de la formation de tissus, de la cicatrisation, de l'invasion tumorale ou des métastases sont les résultats d'un ensemble d'interactions complexes entre les cellules et la matrice extracellulaire. Le TGF-β1 affecte la production de matrice extracellulaire (MEC), la migration, l'adhésion cellulaire et le remodelage matriciel. En effet, il stimule la production de matrice par les cellules épithéliales et mésenchymateuses, généralement en agissant au niveau transcriptionnel (tableau n°7) (182). Le TGF-β1 s'est révélé être un puissant chimioattractant pour les monocytes humains (255) et les neutrophiles (256). Dans les fibroblastes, le TGF-β1 est aussi un stimulant chimiotactique (257).

La MEC constitue la charpente architecturale des tissus de vertébrés mais s'avère être également un véritable réseau de communication entre les cellules. Elle se compose d'un enchevêtrement complexe de polysaccharides et de protéines (146). Les polysaccharides sont des glycosaminoglycanes (GAGs) c'est-à-dire de longues chaînes non ramifiées composées d'unités disaccharidiques répétitives très hydrophiles. De part leur nature, les GAGs adoptent des conformations très étirées et se présentent sous forme de gel. Celui-ci confère aux tissus une résistance aux forces de compression, de plus, ce gel permet une diffusion rapide des nutriments, métabolites et des hormones entre le sang et les cellules. A l'exception de l'acide hyaluronique, les GAGs sont fixés de manière covalente à des protéines. Les noyaux protéiques de ces protéoglycanes se singularisent par leur hétérogénéité, traduction possible de la multitude de fonctions remplies par ces molécules. Les protéoglycanes comportent une ou plusieurs dizaines de GAG. Ainsi, la décorine, protéoglycane de la matrice extracellulaire qui lie et inhibe le TGF-β1 contient un GAG alors que l'aggrécane, composant majeur du cartilage comporte plus de 100 chaînes de GAG par molécule. Le TGF-β1 favorise l'expression protéique des protéoglycanes et module également leur poids moléculaire (258 ; 259).

Les protéines de la MEC se divisent en deux familles : les protéines structurales comme les collagènes et les protéines adhérentes telles que les intégrines. Les protéines de la superfamille des collagènes représentent à elles seules environ un tiers des protéines des tissus. Leur séquence se caractérise par la répétition d'un motif *Gly-Pro-X* qui autorise une structure en hélice tricaténaire. Les triples hélices des collagènes s'associent en fibrilles pour les collagènes de type I, II et III ou forment un réseau bidimensionnel appelé lame basale comme le collagène de type IV. Les collagènes VI et VII sont des collagènes microfibrillaires. Le collagène de type VII que l'on détaillera plus longuement dans le chapitre sur les gènes cibles du TGF-β1 correspond aux filaments d'ancrages reliant les membranes basales (surtout épidermiques) aux collagènes fibrillaires sous-jacents. Le TGF-β1 favorise l'expression des chaînes α1 et α2 du collagène I (260 ; 261), de l'unique chaîne du collagène III α1(262) et augmente la synthèse du collagène de type VII (263 ; 264). L'expression du collagène de type II est également stimulée dans les cellules mésenchymateuses musculaires suite à l'induction de leur différenciation par le TGF-β1.

Outre les collagènes, la MEC se compose de glycoprotéines comme la ténascine, la fibronectine, la thrombospondine-1 ou la vitronectine. Toutes ces protéines contiennent plusieurs domaines de liaison qui leur permettent d'interagir avec différentes protéines de la matrice notamment les collagènes. De plus, elles possèdent une séquence Arg-Gly-Asp (RGD), spécifiquement reconnue par des récepteurs cellulaires. Le TGF-β1 augmente l'expression de la fibronectine dans les cellules mésenchymateuses et épithéliales normales et transformées (265). D'autres synthèses de glycoprotéines sont induites comme celle de l'ostéopontine (251), de l'ostéonectine (266), de la ténascine (267), de la thrombospondine (268), de la vitronectine (269) ou encore de la décorine (258). La stimulation de la transcription des gènes relatifs à ces protéines et dans certains cas l'augmentation de la stabilité des ARNm semblent être les modes d'action du TGF-β1 sur la synthèse des protéines de la matrice extracellulaire (254).

Tableau n°7: Exemples de protéines matricielles dont la synthèse est induite par le TGF-β1

Noms	Familles	Références
Chaînes α1 et α2 du collagène I	Collagènes	260 ; 261
Collagène III α1	Collagènes	262
Collagène de type VII	Collagènes	263, 264
Fibronectine	Glycoprotéines	265
Ostéopontine	Glycoprotéines	256
Ostéonectine	Glycoprotéines	266
Ténascine	Glycoprotéines	267
Thrombospondine	Glycoprotéines	268
Vitronectine	Glycoprotéines	269
Décorine	Glycoprotéines	263

L'adhésion des protéines de la MEC est régulée par des récepteurs. Les intégrines représentent une des familles de récepteurs d'adhérence cellulaire la mieux caractérisée. Ce sont des glycoprotéines transmembranaires hétérodimèriques, constituées par l'association de deux sous-unités α et β, dont il existe plusieurs types. Le TGF-β1 semble moduler l'expression de la majorité des intégrines en modifiant non seulement le taux de synthèse des sous-unités α et β, mais également les proportions de ces sous-unités synthétisées, conduisant ainsi à une variation de la composition des intégrines exprimées par les cellules (240 ; 270 ; 271).

L'augmentation de la synthèse des composants de la matrice extracellulaire n'est pas la seule responsable de l'importante accumulation des protéines de la matrice induite par le TGF-β1. Le TGF-β1 contrôle également la protéolyse péricellulaire. L'expression de PAI-1 (« Plasminogen Activator Inhibitor-1) et de TIMP (« Tissue Inhibitor of MetalloProtease ») notamment TIMP-1 et TIMP-2, deux inhibiteurs d'enzymes responsables de la dégradation de la matrice extracellulaire, sont hautement stimulées par le TGF-β1 (272 ; 273 , 274). Par ailleurs, le TGF-β1 peut diminuer directement l'expression des collagénases spécifiquement MMP-1 et MMP-3, de la transine/Stromelysine, d'activateur du plasminogène (PA) ou de la protéinase Thiol (275).

Pour conclure, le TGF-β1 agit sur la matrice extracellulaire en modifiant l'expression de protéines impliquées dans la synthèse et/ou la dégradation matricielle mais également dans l'adhésion cellules/cellules ou cellules/matrice (Figure n°23).

Figure n°23: Contrôle du remodelage matriciel par le TGF-β1

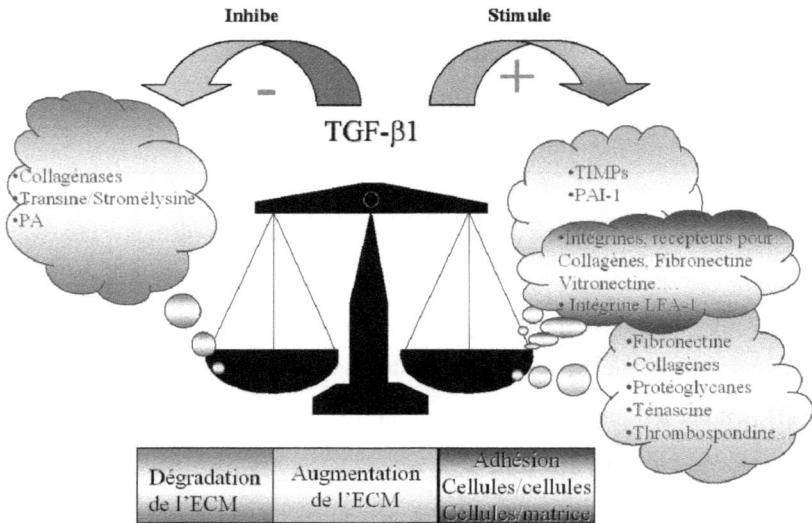

ECM : « Extracellular matrice », TIMP : « Tissus Inhibitor Matrice Protein », PAI-1 : « Plasminogen Activator Inhibitor-1 », PA : « Plasminogen Activator ».

Le TGF-β1 fait pencher la balance synthèse/dégradation vers la production de matrice extracellulaire. Il favorise la synthèse non seulement de constituants de la matrice comme la fibronectine, les collagènes ou encore les protéoglycanes mais également d'inhibiteurs d'enzymes responsables de la dégradation de cette matrice. Parallèlement, cette cytokine inhibe directement l'expression des collagénases, de la transine et de l'activateur du plasminogène (PA).

1.1.12.4   Effets du TGF-β1 sur le système immunitaire

Le rôle du TGF-β1 dans le système immunitaire a pu être approché par l'analyse de souris transgéniques dont le gène codant pour le TGF-β1 a été invalidé par recombinaison homologue. Les nouveau-nés *tgf-β1* [(-/-)] développent rapidement une inflammation massive de nombreux organes et meurent entre la troisième et la quatrième semaine d'une perte de poids massive (202). Le TGF-β1 a un effet immunosuppresseur *in vitro* et *in vivo* engendré d'une part, par son action anti-proliférative sur les thymocytes et les lymphocytes B et T activés et d'autre part, par de multiples effets inhibiteurs sur les fonctions de différenciation des lymphocytes B (253), des cellules cytotoxiques (276), des cellules T activées (277) et des macrophages (278). Un exemple de cette activité est l'inhibition par le TGF-β1 de la plupart des fonctions effectrices des cellules T non différenciées dites naïves: les cellules T CD4+ activées en présence de TGF-β1 ne se différencient pas en T_{H1} ou T_{H2}. *In vitro*, la présence précoce d'interféron γ (IFNγ) neutralise l'inhibition du TGF-β1 sur la différenciation des cellules T en T_{H1} (Figure n°24). Le mécanismes d'inhibition de la différenciation en T_{H2} par le TGF-β1 semblent être la répression d'un activateur transcriptionnel essentiel, GATA3, tandis que ceux de la différenciation T_{H1} n'est pas encore bien expliquée. (279). Les lymphocytes B et T activés produisent du TGF-β1 de sorte qu'il existe une boucle de rétrocontrôle de l'activation de ces cellules (280). Le TGF-β1 inhibe également la production de cytokines pro-inflammatoires par ces mêmes cellules et par les macrophages comme l'IL-12 (281). De plus, la sécrétion d'anticorps essentiellement des IgG et IgM par les lymphocytes B est inhibée par TGF-β1 (282).

Dans certaines conditions, le TGF-β1 peut agir comme une cytokine pro-inflammatoire. En effet, *in vitro*, cette protéine attire les lymphocytes T et les monocytes par chimiotactisme (283) et stimule leur production de cytokines notamment de TGF-β1. *In vivo,* l'injection d'un anticorps neutralisant l'activité du TGF-β1 dans une zone inflammée chez des animaux qui développent une polyarthrite, bloque non seulement l'accumulation de cellules inflammatoires, mais également la destruction du tissu induite par les cellules T révélant ainsi un effet pro-inflammatoire du TGF-β1 (284). Les effets du TGF-β1 sur la différenciation, la prolifération, la MEC et le système immunitaire sont les résultats d'une succession d'étapes moléculaires de la membrane jusqu'au noyau, laquelle constitue la voie de signalisation du TGF-β1. Cette cascade d'événements moléculaires est initiée par la liaison de cette cytokine sur son récepteur primaire TβRII.

Figure n°24: Effet du TGF-β1 sur les cellules T, (279)

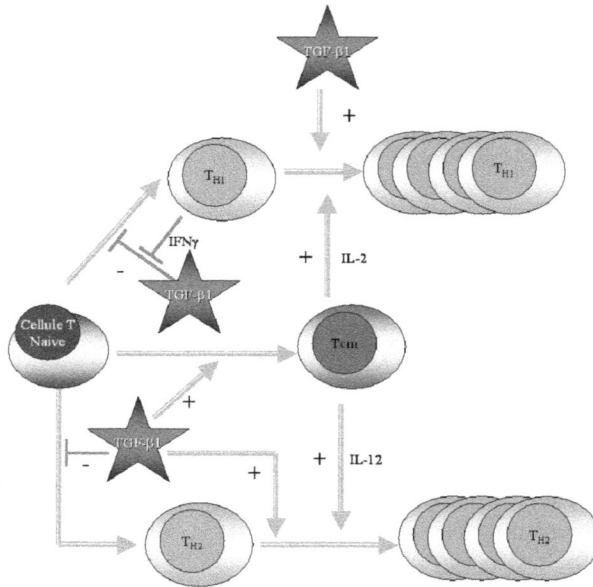

Le TGF-β1 inhibe la différenciation des cellules T naïves en T_{H1} ou T_{H2} en favorisant la production de cellules T mémoires (T_{cm}) caractérisées par la production d'IL-2. En présence d'IL-2 et de TGF-β1, les cellules T déjà différenciées prolifèrent. La production d'interféron-γ (IFN-γ) par des cellules T préalablement différenciées TH1 bloque l'effet inhibiteur du TGF-β1.

1.1.13 La voie de signalisation du TGF-β1

1.1.13.1 Les récepteurs au TGF-β1

La voie de signalisation du TGF-β1 est initiée par la liaison de la forme active de cette cytokine à un complexe de récepteurs membranaires. Trois types de récepteurs liant TGF-β1 avec une haute affinité ont été détectés par radiomarquage, les récepteurs de type I, II et III (TβRI, TβRII et TβRIII) (183 ; 285). Les TβRI et TβRII sont des glycoprotéines très importantes pour la transduction du signal (286) alors que TβRIII aussi appelé bétaglycane n'est pas impliqué dans la transduction du signal mais est cependant important pour la signalisation. Ce troisième récepteur est en effet capable de former des complexes ternaires TβRIII-TGF-β1-TβRII ; permettant ainsi une légère augmentation de l'activité du TGF-β1 (287 ; 288). Deux autres récepteurs, le TβRIV dont le rôle biologique reste inconnu et l'endogline, un récepteur qui partage 71% de similarité de séquence avec TβRIII sont capables de lier le TGF-β1 (Tableau n°8) (182 ; 238).

Tableau n°8: Caractéristiques des récepteurs membranaires du TGF-β

Type	Taille (kDa)	Forme	Affinité
I	53	Glycoprotéine	TGF-β1>β2>β3
II	70-85	Glycoprotéine	TGF-β1>β2>β3
III	250-350	Bétaglycane	TGF-β1=β2=β3
IV	60-64	protéoglycane	lie également l'activine/inhibine
Endogline	67-68	Glycoprotéine	TGF-β1=β3>β2

Nous nous focaliserons sur les récepteurs médiateurs de la signalisation du TGF-β1: TβRI et TβRII

1.1.13.1.1 Les récepteurs TβRI et TβRII

1.1.13.1.1.1 Structure des récepteurs TβRI et TβRII

Les protéines TβRI et TβRII sont deux récepteurs transmembranaires de 503 et 565 résidus respectivement. Ils sont exprimés à la surface cellulaire sous forme d'homodimères ou hétérotétramères (dimère de type I-dimère de type II) indépendamment de la présence de TGF-β1 (289; 290). Malgré leur différence de taille, ces deux glycoprotéines ont une structure semblable, caractérisée par une région extracellulaire, transmembranaire et intracellulaire. Leur partie extracellulaire N-glycosylée est riche en cystéines, lesquelles sont responsables du repliement général de la protéine. Trois de ces cystéines forment une boîte cystéine de motif $CS_{0-1}CX_4CN$ impliquée dans la reconnaissance du ligand. La région cytoplasmique possède l'activité sérine/thréonine kinase qui permet la phosphorylation de leurs substrats sur des résidus sérine et / ou thréonine (Figure n°25).

Le récepteur de type I a pour particularité une région de trente résidus fortement conservée, directement voisine du domaine kinase et nommée GS du fait de sa séquence caractéristique SGSGSG riche en Glycine et en sérine. Il est maintenant admis que ce domaine permet le contrôle de l'activité catalytique de la kinase TβRI ainsi que l'association des substrats au TβRI. Par ailleurs, le TβRI détermine la spécificité du signal par la présence d'une boucle contenant une séquence de neuf résidus, spécifique du type de récepteur: la boucle L45, située entre les kinases 4 et 5. Le TβRII, quant à lui, déterminerait la spécificité du ligand (238).

Figure n°25: Représentation schématique de TβRI et TβRII, (238).

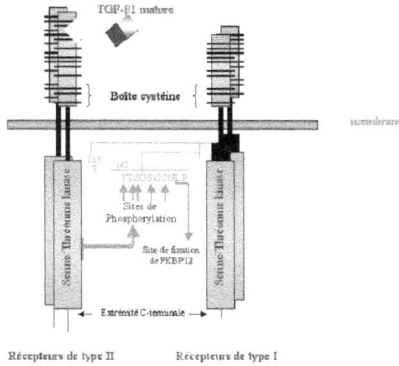

Les récepteurs TβRI et TβRII sont constitués de trois domaines : un domaine extracellulaire, un domaine transmembranaire et un domaine intracellulaire. Le domaine extracellulaire se caractérise par la présence de cystéines représentées par des traits noirs horizontaux. La région cytoplasmique possède l'activité sérine/thréonine kinase qui permet la phosphorylation de leurs substrats. TβRI a pour particularité une région de trente résidus nommée GS.

1.1.13.1.1.2 Activation de TβRI et TβRII

Les récepteurs TβRI et TβRII possèdent tous deux une activité sérine/thréonine kinase. Toutefois, l'activité catalytique du récepteur de type I est inductible alors que la kinase du récepteur de type II est constitutivement active, de sorte que, même en absence de TGF-β1, TβRII s'autophosphoryle. Le récepteur de type II se singularise également par sa capacité à lier son ligand avec une bonne affinité en absence de TβRI, alors que ce dernier a besoin de la présence de TβRII pour lier le TGF-β1 (238). L'activation des récepteurs a été modélisée par Wrana et al. (291) comme suit : le TGF-β1 sous sa forme dimérique mature se lie à un homodimère de TβRII, le complexe ainsi formé recrute un homodimère TβRI. Lorsque le tétramère (dimère TβRI - dimère TβRII) est pré-existant, la liaison de la cytokine stabilise l'hétérocomplexe. Dans ce complexe ternaire, TβRII phosphoryle TβRI au niveau des

67

résidus sérine et thréonine de la séquence TTSGSGSG de son domaine GS. Cette phosphorylation engendre la dissociation de TβRI avec FKBP12 (« FK506 binding protéine 12 »), protéine inhibitrice de son activité kinase (292). Le TβRI ainsi activé peut par la suite phosphoryler des médiateurs de la voie de signalisation du TGF-β1 (Figure n°26) (291).

L'activité des récepteurs est modulée par différentes protéines qui favorisent ou empêchent l'accès du TGF-β1 à ses récepteurs. Le récepteur bétaglycane, par exemple, facilitent la liaison du TGF-β1sur TβRI en présentant le ligand à son récepteur (287. 288). Le pseudo-récepteur BAMBI ("BMP and Activin Membrane-Bound Inhibitor") s'incorpore dans le complexe de récepteurs induit par le TGF-β1 puis l'inactive (293). L'activation des récepteurs TβRII et TβRI va permettre l'initiation de cascades de transduction du signal impliquant notamment des médiateurs cytoplasmiques de la famille des protéines Smads.

Figure n°26: Initiation de la signalisation par les récepteurs du TGF-β1 (291)

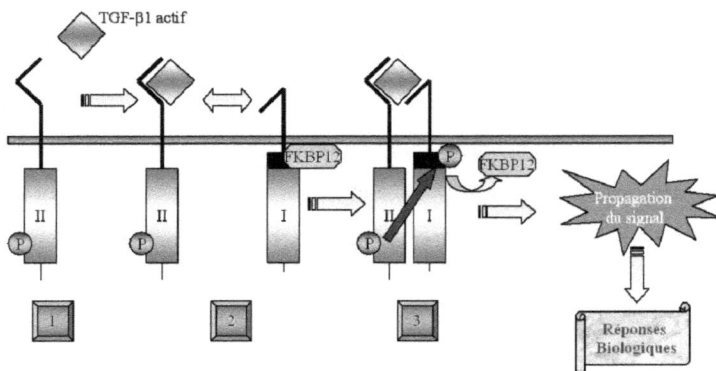

1: Liaison du TGF-β1. 2: Recrutement de TβRI. 3: Phosphorylation et activation de TβRI

TβRII est le récepteur primaire du TGF-β. Il possède une activité sérine/thréonine kinase constitutivement active (1). La liaison du TGF-β sur TβRII engendre le recrutement (2) et la phosphorylation du récepteur secondaire TβRI au niveau de son domaine GS (3). Cette phosphorylation engendre la dissociation de TβRI avec FKBP12 (FK506 binding protein 12), protéine inhibitrice de son activité kinase (3). TβRI activé peut alors propager le signal aux médiateurs de la voie de signalisation du TGF-β.

68

1.1.13.2 Les protéines Smads

La voie de signalisation du TGF-β est hautement conservée chez les différentes espèces quelles soient invertébrées comme le nématode *"Caenorhabditis elegans"* et la drosophile *"Drosophila Melanogaster »* ou vertébrées comme les amphibiens et les mammifères. Bien que des protéines des diverses voies MAPK/SAPK/JNK ("Mitogen-Activated Protein Kinase/Stress-Activated Protein Kinase/c-Jun N terminal Kinase"), puissent être impliquées dans la voie de signalisation du TGF-β (294; 295 ; 296), de récentes études ont montré que les protéines Smads, découvertes en 1995, sont les médiateurs intracellulaires essentiels de la voie de signalisation du TGF-β. Le nom de Smads provient de la fusion des termes Mad, pour "Mother against dpp", homologue de Smads chez la drosophile, et Sma, pour "Small" homologue de Smads chez *C. elegans* (297).

1.1.13.2.1   Les différents membres de la famille Smad

Jusqu'à présent, huit protéines Smads, de 42 à 60 kDa ont été isolées chez les mammifères. Chez l'homme, les huit gènes Smads sont localisés sur cinq chromosomes différents (Figure n°27). Selon des critères structuraux et fonctionnels, la famille des Smads peut être divisée en trois sous-familles distinctes: les "Receptor-Regulated Smads" (R-Smads), le "common partner Smads (Co-Smad) et les "Inhibitory Smads" (I-Smads). Les protéines Smad2 et Smad3 sont les R-Smads impliqués dans la voie de signalisation du TGF-β1. Ils sont phosphorylés par TβRI au niveau de deux résidus sérines du motif SS(V/M)S de l'extrémité C-terminale (Figure n°27). Le Co-Smad, Smad4 chez les mammifères, participe à la signalisation en s'associant aux R-Smads. Les I-Smads, Smad6 et Smad7, inhibent la signalisation en s'associant avec TβRI, empêchant ainsi la phosphorylation du R-Smad. Smad6 peut également neutraliser Smad4 dans un complexe I-Smad-Co-Smad (298).

Figure n°27: La famille des Smads, (297)

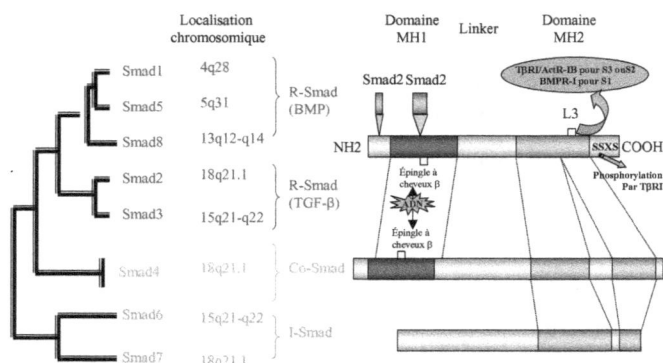

S1: Smad1; S2: Smad2; S3: Smad3;TβRI: récepteur de type I; BMPR-1: récepteur aux "Bone Morhogenetic Proteins" de type I, ActR: récepteur de l'activine

Chez les mammifères, la famille des Smads se compose de 8 membres divisés en trois groupes : les "Receptor-regulated Smads" (R-Smads), le "common partner Smad (Co-Smad) et les "Inhibitory Smads" (I-Smads). Les R-Smads sont phosphorylés par TβRI au niveau de deux résidus sérines du motif SSXS de l'extrémité C-terminale. Le Co-Smad, Smad4, participe à la signalisation en s'associant aux R-Smads. Les I-Smads, Smad6 et Smad7, inhibent la signalisation.

1.1.13.2.2   Structure des Smads

D'un point de vue structural, les R-Smads et le Co-Smad partagent deux domaines de séquence hautement similaire en N- et C-terminal (Figure n°27). Ces domaines MH1 et MH2 ("Mad Homology domain) sont séparés par une région riche en proline appelée "linker", de taille et de séquence variable. Le linker possède plusieurs motifs qui permettent la régulation des Smads par d'autres protéines comme Smurf1, Hoxc8 ou Jun (178). Le domaine MH1 des R-Smads à l'exception de celui de Smad2 peut lier une séquence d'ADN spécifique SBE pour "Smad Binding Element" caractérisée par le motif 5'-AGAC-3' (299) présent au niveau de nombreux promoteurs de gènes comme ceux du collagène de type VII (264 ; 300), de PAI-1(301) et de JunB (302). Ce domaine est également capable de s'associer à des

70

facteurs de transcription tels que le récepteur de la vitamine D (Tableau n°9) (303) ou TFE3 pour "Transcription Factor muE3" (304). Le domaine MH2 des R- et Co-Smads est indispensable pour la formation de complexes homo- ou hétérodimèriques et pour l'activation de la transactivation. Le domaine MH2 représente le domaine de liaison protéine/protéine interagissant notamment avec des co-activateurs comme CBP pour "CREB Binding Protein » et p300 (305) ou des co-répresseurs tels que TGIF (« 5'TG-Interacting Factor ») (306) (Tableau n°9). De plus, la boucle L3 de ce domaine MH2 permet l'interaction des R-Smads avec TβRI (307). A l'état basal, les domaines MH1 et MH2 sont en contact l'un avec l'autre et se répriment mutuellement. Bien que les I-Smads conservent le domaine MH2, leur domaine N-terminal ne montre que très peu de similitudes avec le domaine MH1 des R- et Co-Smads. Le domaine MH1 des I-Smads pourrait être impliqué dans leur spécificité d'action en ciblant la voie de signalisation BMP ou TGF-β (297 ;308).

Tableau n°9: Exemples de protéines interagissant avec la famille des Smads

Protéines	Smads	Domaines	Références
Composants de la membrane			
• Récepteurs activés de type I	Smad1, 2, 3, 5, 6, 7, 8	MH2 (boucle L3)	307 309
• SARA	Smad2, 3	MH2	
Protéine de transport nucléaire			
• Importine β	Smad3	MH1	310
Protéines cytoplasmiques			

• Dab2	Smad2, 3	MH2	311
• Smurf1	Smad1, 5	Motif PY (linker)	312
Co-activateurs transcriptionnels	Smad4	MH2	313
• MSG1	Smad1, 2, 3, 4	MH2, motif	305
• p300/CBP		SAD	
Répresseurs transcriptionnels	Smad1	MH1+linker	314
• Hoxc8	Smad1, 2, 3, 5	MH2	315
• SIP1	Smad2, 3, 4	MH2	316
• Ski	Smad1, 2	ND	317
• SNIP1	Smad2, 3, 4	MH2	318
• SnoN	Smad2	MH2	306
• TGIF			
Facteurs de transcription			
• ATF-2	Smad3, 4	MH1	319
• c-Fos	Smad3	MH2	320
• c-Jun, JunB, JunD	Smad3, 4	MH1+linker	321
• GR	Smad3	MH2	322
• VDR	Smad3	MH1	323
• AR'	Smad3	ND	324
• ER	Smad3	ND	325
• PPARγ	Smad3	ND	326
• E1A	Smad1, 2, 3	MH2	327
• Evi1	Smad3	MH2	328
• Fast	Smad2, 3	MH2 (Hélice	329
• Lef1/Tcf	Smad2, 3	α2)	330
• OAZ	Smad1, 4	MH1, MH2	331

• PEBP2/CBFA/AML	Smad1, 2, 3, 4	MH2	332
• P52	Smad3	MH1, MH2	333
• SP1/SP3	Smad2, 3, 4	ND	334
• TFE3	Smad3, 4	MH1	304
		MH1	

AR': « androgen receptor »; ATF2: « Activated Transcritption factor 2 »; CBFA: « Core-Binding Factor »; CBP: « Creb Binding Protein »; « Dab2: Disabled 2 »; E1A: « human adenovirus Early Region 1A »; Evi: « Ecotropic Viral-Integration site 1 »; FAST: « Forkhead Activin Signal Transducer »; GR: « Glucocorticoid receptor »; Hoxc-8: « Homeobox gene c-8 »; Lef1/Tcf: « Lymphoid Enhancer binding Factor 1/ T Cell-specific Factor »; MH: « Mad Homology »; MSG1: « Melanocyte-Specific Gene 1 »; ND: non déterminé; OAZ: « Olf-1/EBF Associated Zinc Finger »; PEBP2: « Polymavirus-Enhancer-Binding Protein »; PPARγ: « Peroxisome Proliferator Activator Receptor gamma »; SAD: « Smad4 Activation Domain »; SIP1: « Smad-Interacting Protein 1 »; SARA: « Smad anchor for receptor activation »; Ski: « Sloan-kettering avian retrovirus »; SNIP: « Smad Nuclear Interacting Protein 1 »; SnoN: forme épissée de Sno pour « Ski-related novel gene »; STRAP: « Serine/Thréonine kinase Receptor-Associated protein »; TAK1: « TGF-β Activated Kinase 1 »; TFE3: « Transcription Factor muE3 »; TGIF: « 5'TG'-Interacting Factor »; VDR: « vitamin D receptor ».

1.1.13.2.3   L'activation des R-Smads et Co-Smads

La première étape intracellulaire de la voie de signalisation TGF-β/Smads est le recrutement de Smad2 et Smad3 au niveau du complexe formé par TβRII et TβRI activés, en réponse au ligand TGF-β. Plusieurs protéines participent à ce processus en facilitant ou régulant la disponibilité des R-Smads pour le récepteur TβRI. La protéine SARA ("Smad anchor for receptor activation") est l'une d'entre elles. Elle se situe au niveau de la membrane et interagit simultanément avec le complexe TβRII-TGF-β-TβRI et les R-Smads, Smad2/3, permettant le recrutement de ces derniers au niveau de TβRI. La phosphorylation de Smad2 et Smad3 par le TβRI activé engendre la dissociation de la protéine SARA et de TβRI (181 ; 297). Les R-Smads ainsi activés forment des hétérocomplexes avec le Co-Smad, Smad4, puis sont transportés dans le noyau par des mécanismes impliquant des protéines cytoplasmiques telles que les "cytoplasmic protein importin" (310 ; 335). Une fois dans le noyau, les complexes

Smad3/2-Smad4 fonctionnent comme des facteurs de transcription, liant l'ADN directement ou en association avec d'autres protéines (Figure n°28) (181 ; 297). Contrairement au complexe Smad3/Smad4 qui se fixe directement sur la séquence d'ADN cible, la liaison de Smad2/Smad4 à l'ADN nécessite une protéine nucléaire de la famille Fast (329 ; 336). A l'état inactif, les R-Smads existent principalement sous forme de monomère alors que Smad4 forme des homotrimères. Lors de la phosphorylation, les R-Smads peuvent former des homo-oligomères et des hétéro-oligomères entre eux ou avec Smad4. La stœchiométrie du complexe R-Smad/Co-Smad reste toutefois controversée (337-339). Ces études montrent l'existence de complexes hetéro-hexamères, hétéro-trimères et hétéro-dimères, ce qui suggère la formation de multiples complexes Smads de stœchiométries différentes.

1.1.13.2.4   Interactions avec d'autres voies transcriptionnelles

Le TGF-β1 induit des réponses différentes selon l'environnement cellulaire. La seule capacité des Smads à lier l'ADN n'est pas suffisante pour expliquer la sélection des gènes cibles selon le contexte cellulaire. Les facteurs de transcription qui s'associent aux Smads tels que Sp1 ou AP-1 (Tableau n°9) semblent jouer un rôle prédominant dans cette spécificité d'action. Ainsi, la cascade des Smads ne peut être considérée comme isolée des autres voies de signalisation intracellulaire. A titre d'exemple, les voies transcriptionelles d'AP-1 et des Smads sont étroitement liées. Le complexe AP-1 se compose de membres des familles Jun (c-Jun, JunB et JunD) et Fos (c-Fos, Fos B, Fra-1 et Fra-2) dont l'expression est induite par le TGF-β1 (321). De plus, Smad3 et Smad4 interagissent physiquement avec les protéines Jun et c-Fos (320 ; 340). D'un point de vue plus fonctionnel, les membres de la famille Jun répriment la transactivation d'un gène Smad3-dépendant alors que les promoteurs AP-1-dépendants sont activés de manière synergique en présence de Smad3 et des protéines de la famille Jun (340 ; 341). De façon identique, Smad3 potentialise la transactivation de gènes vitamine D-dépendants en s'associant avec VDR, agissant ainsi comme un co-activateur pour la voie de signalisation de la vitamine D (303 ; 323). L'étude des interactions physiques et fonctionnelles des Smads avec des récepteurs nucléaires est en plein essor. En effet, il a été récemment démontré que Smad3 s'associait à ER, AR' et PPARγ modulant négativement ou positivement l'une ou l'autre des voies impliquées (324 ; 325 ; 326).

Figure n°28: Activation de la voie des Smads, (298)

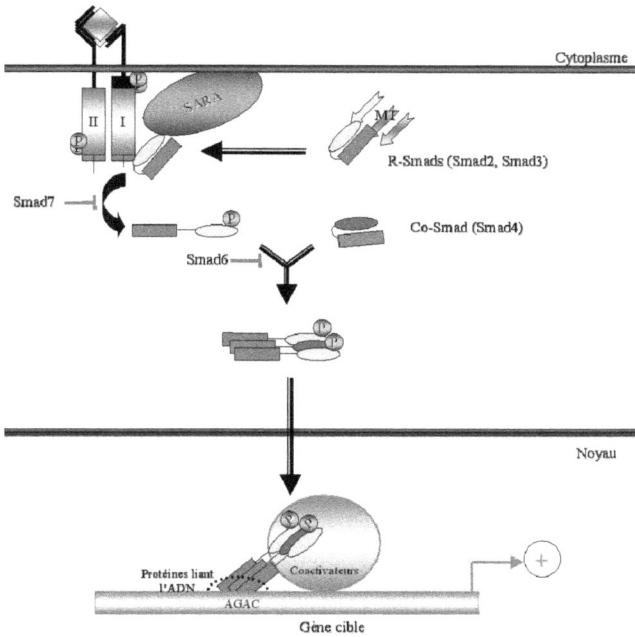

SARA: Smad anchor for receptor activation; MT: microtubules. I: récepteur de type
I;II: récepteur de type II.

Le récepteur TβRI actif recrute et phosphoryle Smad2 ou Smad3. Cette première étape est favorisée par la présence de plusieurs protéines dont la protéine SARA. La phosphorylation de Smad2 et Smad3 par le TβRI activé engendre la dissociation de la protéine SARA et du récepteur. Les R-Smads ainsi activés s'associent avec Smad4. Ces hétérocomplexes Smad2-3/4 sont alors transportés vers le noyau où ils agissent comme des facteurs de transcription, liant l'ADN directement ou en association avec d'autres protéines. Les I-Smads, Smad6 et Smad7, inhibent la signalisation en s'associant avec TβRI, empêchant ainsi la phosphorylation du R-Smad. Smad6 peut également neutraliser Smad4 dans un complexe I-Smad-Co-Smad

1.1.14 Effets pathologiques du TGF-β1

1.1.14.1 TGF-β1 et cancérogenèse

Le TGF-β joue un rôle complexe dans la cancérogenèse, puisqu'il exerce à la fois un rôle de tumeur-suppresseur et des activités oncogéniques (328). Dans le paradigme courant, l'activité anti-tumorale domine chez les cellules normales tandis que, lors de la tumérogénèse, la modification de l'expression du TGF-β et des réponses cellulaires favorise l'activité oncogénique.

De récentes études ont montré l'implication du TGF-β1 dans plusieurs mécanismes de protection contre l'apparition de tumeur (Figure n°29). Le maintien d'une architecture normale des tissus du colon par le TGF-β1, par exemple, supprime le cancer non métastatique du colon pris à un stade précoce (342).

Figure n°29: Effet du TGF-β sur la cancérogenèse, (347)

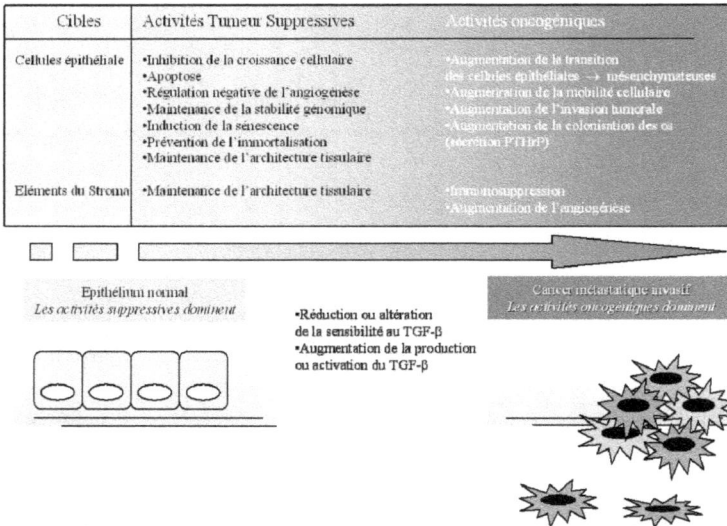

Cibles	Activités Tumeur Suppressives	Activités oncogéniques
Cellules épithéliale	•Inhibition de la croissance cellulaire •Apoptose •Régulation négative de l'angiogenèse •Maintenance de la stabilité génomique •Induction de la sénescence •Prévention de l'immortalisation •Maintenance de l'architecture tissulaire	•Augmentation de la transition des cellules épithéliales → mésenchymateuses •Augmentation de la mobilité cellulaire •Augmentation de l'invasion tumorale •Augmentation de la colonisation des os (sécrétion PTHrP)
Eléments du Stroma	•Maintenance de l'architecture tissulaire	•Immunosuppression •Augmentation de l'angiogénèse

Epithélium normal
Les activités suppressives dominent

•Réduction ou altération de la sensibilité au TGF-β
•Augmentation de la production ou activation du TGF-β

Cancer métastatique invasif
Les activités oncogéniques dominent

Le TGF-β peut avoir des effets totalement opposés sur la cancérogenèse. Il possède une activité anti-tumorale chez les cellules normales et des fonctions oncogéniques lorsque son expression est modifiée notamment lors de la tumérogénèse

La régulation négative de la prolifération cellulaire par le TGF-β constitue la voie majeure de suppression de tumeurs. Toutefois, les cellules tumorales échappent souvent à ces effets antiprolifératifs à cause de mutations inactivantes ou à une expression dérégulée des composants de la cascade de signalisation, lors de la phase précoce des cancers. Une fonctionnalité diminuée des récepteurs, des rapports altérés entre TβRI et TβRII, ainsi que des mutations (ou délétions) de Smad2 et Smad4 ou de protéines modulant ces Smads (TGIF) ont été trouvés dans de nombreuses tumeurs (328). Ces altérations compromettent l'activité anti-tumorale du TGF-β et stimulent ses fonctions oncogéniques.

Les éléments de la cascade de transduction du TGF-β1 notamment les récepteurs TβRI et TβRII et les protéines Smads ont une fonction de suppresseur de tumeur. Une preuve du rôle suppresseur de TβRII provient d'études de transfections, dans lesquelles le TβRII sauvage a été introduit dans des cellules de carcinomes de colon ayant un TβRII inactivé. L'arrêt de croissance de ces cellules transfectées est restauré en présence de TGF-β1 et leur tumorigénicité diminuée (343 ; 344). Plus intrigant, lorsque l'expression de TβRII décroît, l'inhibition de la croissance en réponse au TGF-β1 est perdue alors que l'effet oncogénique comme l'augmentation de l'invasion des cellules tumorales persiste ou devient visible (345). Pour les Smads, la perte haploïde de Smad4 augmente le développement de tumeurs de l'estomac chez la souris (346).

Dans les stades tardifs de la progression maligne, l'altération des médiateurs de la voie de signalisation du TGF-β1 par les Smads est parfois accompagnée d'une sécrétion accrue de ligand, qui fonctionne alors indépendamment sur les cellules stromales, et dans certains cas aussi sur les cellules cancéreuses elles-mêmes. Le TGF-β1 favorise ainsi la tumorigénicité, en stimulant la prolifération des cellules mésenchymateuses qui sécrètent des facteurs angiogéniques (nécessaires pour la survie des tumeurs), le remodelage de la matrice extracellulaire, ainsi que l'immunodépression (328 ; 347; 348).

1.1.14.2 Gènes cibles du TGF-β1

La transcription de nombreux gènes est influencée par la présence de TGF-β. Nous nous focaliserons sur deux gènes dont l'induction du promoteur par le TGF-β1 est particulièrement forte, de sorte que ces promoteurs constituent un modèle de choix pour l'étude de l'effet transcriptionnel de cette cytokine : le gène de PAI-1 et le gène du collagène de type VII, *COL7A1*.

1.1.14.2.1 Le collagène de type VII

Le collagène de type VII est la protéine principale des fibrilles d'ancrage, (349) dont la principale fonction est l'arrimage de la lamina densa de la membrane basale sur le derme superficiel au niveau des jonctions dermo-épidermiques (350 ; 408).

Le collagène de type VII a une structure homotrimérique constituée de trois chaînes identiques α1(VII) ayant chacune une masse moléculaire de 300 kDa (351 ; 352). Chaque chaîne est synthétisée à la fois par les kératinocytes de l'épiderme et les fibroblastes dermiques (353). Elle est dans un premier temps produite sous forme de monomère, le pro-α1(VII), constitué d'une longue région collagénique de 145 kDa reliant deux régions globulaires non collagéniques: NC-1 (145 kDa) à l'extrémité N-terminale et NC-2 à l'extrémité C-terminale. Une fois sécrétés, les monomères forment des homodimères anti-parallèles de 780 nm de longueur, lesquels après protéolyse des régions NC-2, s'assemblent latéralement pour former les fibrilles d'ancrage matures (Figure n°30).

Figure n°30 : Représentation schématique d'une Fibrille d'ancrage de collagène VII

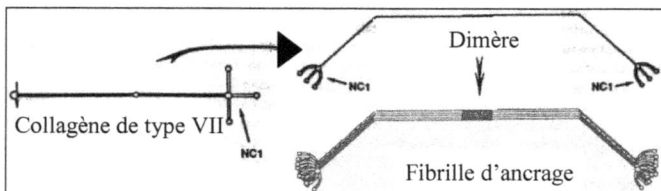

Le collagène de type VII est dans un premier temps produit sous la forme de monomère, le pro-α1(VII). Une fois sécrétés, les monomères forment des homodimèrs anti-parallèles de 780 nm de longueur, lesquels après protéolyse des domaines NC-2, s'assemblent latéralement pour former les fibrilles d'ancrage matures.

Les fibrilles d'ancrage sont attachées par leurs extrémités NC-1 à la lamina densa (351) et s'entrecroisent avec des fibres interstitielles de collagène de type I et III, renforçant ainsi l'accrochage de la membrane épidermique au derme superficiel (351 ; 354). L'analyse de la séquence protéique a révélé l'existence de fréquentes interruptions des motifs collagéniques classiques (Gly-X-Y), expliquant la flexibilité de la molécule (351). Au niveau moléculaire, le collagène de type VII interagit avec de nombreuses protéines de la matrice comme le collagène de type IV (355), la fibronectine (356) et la laminine 5 (357 ; 358).

Le gène du collagène de type VII, *COL7A1*, est situé sur le chromosome 3p21. Il a été cloné et séquencé en totalité (359). Son expression est augmentée par le TGF-β1 et l'irradiation aux ultra-violets par l'intermédiaire d'un promoteur sans boîte TATA ni CAAT. En 1997, Vindervoghel *et al.*, démontrent l'existence d'une séquence promotrice riche en éléments GT, laquelle est capable après fixation du facteur de transcription SP1, de maintenir une expression élevée du gène *COL7A1* à la fois dans les kératinocytes et les fibroblastes cutanés (360). Dans les fibroblastes dermiques et les kératinocytes, le TGF-β1 augmente au niveau transcriptionnel l'expression de *COL7A1*. Cette cytokine induit l'accrochage du complexe Smad3/Smad4 sur une séquence SBS ("Smad Binding Sequence") engendrant ainsi, l'activation de *COL7A1* et la synthèse de collagène de type VII. La formation d'un tel complexe se liant aux fragments -524 / -444 du promoteur du *COL7A1* est un événement très rapide (environ 10 minutes) et constitue le premier exemple de gène humain Smad-dépendant (264 ; 300).

1.1.14.2.2   PAI-1

L'inhibiteur de l'activateur du plasminogène de type 1 (PAI-1) est une glycoprotéine sécrétée de 50 kDa (379 acides aminés) de la famille des serpines (SERine Protease INhibitor). Cette glycoprotéine inhibe l'activateur du plasminogène tissulaire (t-PA) et l'activateur du plasminogène de type urokinase (u-PA) selon un mécanisme de type substrat suicide (361). De cette inhibition résulte une réduction de la transformation du plasminogène en plasmine (Figure n°31). Ainsi, une augmentation de la synthèse de PAI-1 induit une diminution de celle de la plasmine, de sorte que, la dégradation de la matrice extracellulaire est réduite. PAI-1 est une protéine circulante dont les plaquettes sanguines constituent le principal réservoir dans le sang. Dans les tissus, cette serpine est synthétisée et sécrétée par les cellules endothéliales vasculaires, les kératinocytes, les hépatocytes, les fibroblastes ou les cellules mammaires (361).

L'expression du gène de PAI-1 est modulée par divers facteurs dont la plupart participent également à la régulation de l'expression de PA (« Plasminogen Activator ») comme l'interleukine-1 (362), l'EGF ("Epidermal Growth Factor"), le TGF-β1 (363), l'insuline, les glucocorticoïdes (364) et l'acide rétinoïque (365) pour n'en citer que certains.

L'effet transcriptionnel du TGF-β1 sur le promoteur de PAI-1 (-806 à +72) a fait l'objet de plusieurs publications (301 ; 366 - 369). L'une d'elles démontre que cet effet transcriptionnel ne nécessite pas de néosynthèse protéique (366). Lors de l'étude du promoteur de PAI-1, deux régions particulièrement impliquées dans l'induction du promoteur ont été identifiées. La région (-791 à -546) est plus sensible à l'induction par le TGF-β1 que la région comprise entre les bases -328 et -187 (366). Par le même type d'approche, une autre équipe a confirmé l'implication de la région distale (-800 à -636) dans l'induction du promoteur par la cytokine. Cette région peut être morcelée en deux fragments (-740 à -703 et -674 à -636) particulièrement sensibles au TGF-β1 (367). De plus, cette étude a montré l'importance d'une région proche de la boîte TATA (-87 à -49) dans la réponse du promoteur au TGF-β1, à nouveau dans une lignée d'hépatocytes (367). *In vitro*, en absence de traitement au TGF-β1, des oligonucléotides ayant la séquence des régions (-674 à -650) et (-87 à -66) interagissent avec un complexe protéique apparenté aux facteurs de transcription AP1, de sorte que l'implication des facteurs de transcription AP1 dans l'activation du promoteur au TGF-β1 a été suggérée (367). Plus récemment, Dennler et *al* (301) ont identifié une séquence de neuf paires de base (5' AG(C/A)CAGACA) présente en trois copies dans le promoteur (-806 à +72). L'intégrité de ces trois boîtes spécifiques de la voie de signalisation du TGF-β1, est nécessaire à l'activation du promoteur par la cytokine, le complexe Smad3/Smad4 liant directement ces trois motifs sur le promoteur de PAI-1 (301 ; 370 ; 371)

Figure n°31: Schéma de l'activation de la plasmine et effets de cette enzyme sur la

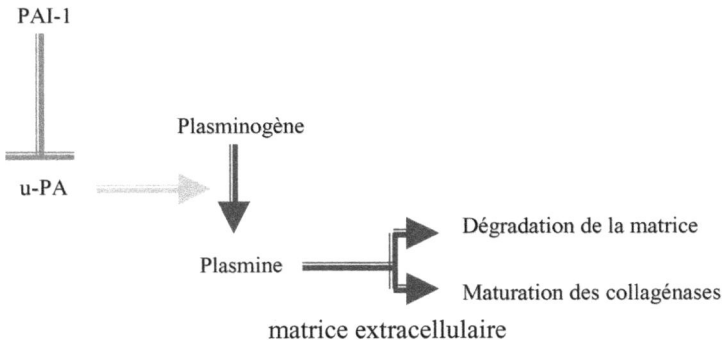

PAI-1: "Plasminogen Activator inhibitor". u-PA: "urokinase-type Plasminogen Activator".

PAI-1 inhibe l'activateur du plasminogène tissulaire (t-PA) et l'activateur du plasminogène de type urokinase (u-PA) engendrant ainsi une réduction de la transformation du plasminogène en plasmine.

1.2 Conclusion

Dès la découverte du SGF, les interactions entre les TGFs et la vitamine A ont été étudiées, révélant un effet antagoniste de la vitamine A sur les transformations phénotypiques engendrées par le SGF (372). Lors de ces dernières décennies, de nombreuses études confirment l'existence d'un lien étroit entre la voie de signalisation de l'ARtt et celle du TGF-β. En effet, selon le type cellulaire, différents travaux montrent d'une part, l'action synergique (373) ou antagoniste (374) de l'AR sur les effets biologiques du TGF-β, et d'autre part, sa capacité à induire l'expression du TGF-β et de ses récepteurs (200 ; 375) ainsi que l'activation de formes latentes de cette cytokine (157). De manière identique, le TGF-β est capable, selon le type cellulaire, de moduler les effets biologiques de l'AR (376) et de réguler l'expression de protéines participant à la voie de signalisation de l'ARtt telle que les CRABPs I et II (377), les RARs et les RXRs (378). L'ensemble de ces données scientifiques suggère une éventuelle collaboration entre ces deux voies de signalisation. Par ailleurs, la mise en évidence d'interactions physiques entre les protéines Smads, médiateurs cellulaires de la voie de signalisation du TGF-β, et des récepteurs nucléaires appartenant à la même famille que les RARs et les RXRs tels que VDR, ER ou PPARγ confirme la possibilité d'une étroite interaction entre les différents acteurs des voies de signalisation de l'ARtt et du TGF-β.

L'identification récente de gènes cibles du TGF-β et la compréhension de la machinerie transcriptionnelle impliquée suivant l'activation des récepteurs au TGF-β représente un énorme potentiel clinique associé à la possibilité de moduler l'action du TGF-β *in vivo*. En pharmacologie, l'ARtt est déjà utilisé pour le traitement et la prévention de cancer.

L'objectif de ces travaux de thèse fut, par conséquent, d'étudier les interactions moléculaires entre les voies de signalisation du TGFβ et de l'ARtt.

2 Matériels et Méthodes

2.1 Culture Cellulaire

Les lignées de fibroblastes de poumons humains (WI26, ATCC), de fibroblastes de reins de singe (COS7, ATCC), de kératinocytes humains (HaCaT, ATCC) et des cellules Smad4-déficientes, provenant d'adénocarcinomes de poumons humains MDA-MB-468 (379), ont été cultivées dans du milieu DMEM (Dulbelco's modified Eagle's medium) complémenté avec 10% de sérum de veau foetal (SVF), 2mM de glutamine et d'antibiotiques (100 units/ml penicillin, 50 μg/ml steptomycin G et 0.25 μg/ml Fungizone^{TM}) et maintenues à 37°C dans une atmosphère à 5% de CO_2. Tous les produits utilisés en culture sont commandés chez PAA (Les Mureaux, France). Le milieu de culture pour la lignée stable HaCaT-p800-lux contient du G418 à une concentration de 0,5mg/ml (Sigma, St Louis, MO). Des expérimentations parallèles avec du sérum délipidé (Biowest) ont permis d'éliminer la possibilité d'une influence des rétinoïdes contenus dans le sérum. Le TGF-β1 humain recombinant, nommé TGF-β dans nos travaux, et l'ARtt proviennent respectivement de R&D Systeme Inc. (Minneapolis, MN) et de Sigma (St Louis, MO). Les agonistes et antagonistes des RARs sont des produits de synthèse de Galderma R&D (Sophia-Antipolis, France).

2.2 Constructions Plasmidiques

Les vecteurs d'expression codant pour des récepteurs humains RARα, RARβ, RARγ et Gal4BD-RARγDEF (380), nous ont été donnés par le professeur P. Chambon (Strasbourg, France). A partir du vecteur d'expression pour RARγ, nous avons obtenu par PCR ("Polymerase Chain Reaction") puis clonage dans PGL3-lux (Proméga), les délétions suivantes: RARγAB, RARγCDEF, RARγDEF et RARγEF-lux. Toutes les séquences de ces constructions ont été vérifiées.

La construction artificielle (CAGA)$_9$-lux consiste en 9 répétitions du motif CAGA, lequel lie Smad3 et Smad4. Elle est utilisée comme un rapporteur Smad3/Smad4-spécifique (301) alors que la construction (ARE)$_3$-lux qui correspond à 3 répétitions de l'élément de réponse de l'activine est Smad2-dépendant (Dr Roberts AB. Bethesda, Etats-Unis). Les vecteurs d'expression codant pour Smad3 et Smad3MH2 marqués respectivement Flag et Myc au niveau N-terminal, ainsi que pour une forme dominante négative de Smad3 et pour VP16AD-Smad3 sont un don du Dr Atfi A. (Paris, France). Les constructions COL7A1-Cat décrite par le Dr Vindevoghel L. (300) ont été sous-clonées dans PLG3-lux. La construction p800-lux provient du Dr Rondeau (Paris, France). Il comporte les 800pb du promoteur de *PAI-1* indispensables à la réponse au TGF-β (367).

2.3 Transfections cellulaires

2.3.1 Précipitation de l'ADN au phosphate de calcium

Les transfections transitoires sont effectuées selon une procédure de co-précipitation de l'ADN avec le phosphate de calcium utilisant un kit commercial (Promega Corp., Madison, Etats-Unis). Deux heures avant la transfection, le milieu de culture est remplacé par du milieu DMEM 10% SVF frais. Le chlorure de calcium est ajouté à la solution aqueuse d'ADNs plasmidiques. Cette préparation est additionnée à un tampon HBS pH 7,1 (« HEPES-Buffered Saline ») contenant 50 mM d'HEPES pH 7,1, NaCl 280 mM, 1,5 mM NaHPO4 puis l'ensemble est incubé 30mn à température ambiante (TA). Le complexe ADN-calcium phosphate est déposé sur les cultures de cellules, lesquelles vont incuber 4 heures à 37°C. A la suite du choc glycérol, les cultures de cellules sont placées en DMEM contenant 1% de sérum. Lors d'un traitement, le TGF-β et/ou les rétinoïdes sont additionnés 3 heures après. On contrôle l'efficacité des transfections en co-transfectant le plasmide pCMV-β-galactosidase dans chaque expérimentation. L'activité luciférase se détermine à l'aide d'un kit commercial (Promega).

2.3.2 Formation de liposomes

Les cellules COS7 sont transfectées selon un processus de formation de liposomes. La lipofectamine™, un lipide cationique, s'associe avec le groupement phosphate chargé négativement de l'ADN plasmidique. Les complexes lipid-ADN ainsi formés fusionnent ou s'associent à la membrane cellulaire, ce qui engendre l'internalisation de l'ADN dans la cellule. On contrôle l'efficacité des transfections en co-transfectant le plasmide pCMV-β-galactosidase dans chaque expérimentation. L'activité luciférase se détermine à l'aide d'un kit commercial (Promega). Cette technique de transfection a été utilisée uniquement pour obtenir les lysats cellulaires nécessaires aux techniques d'immunoprécipitation et de Western Blot.

2.4 Immunoprécipitation et Western Blot

Vingt-quatre heures après la transfection à la lipofectamine™, les cellules sont rincées deux fois avec du PBS froid avant l'addition du tampon de lyse suivant : Tris-HCl 20 mM, pH8, NaCl 150 mM, MgCl2 5mM, NP-40 0,5%, glycérol 10%, orthovanadate 1 mM, PMSF1 mM, aprotinine 20 µg/ml et leupeptine 20 µg/ml. Les protéines extraites après centrifugation, sont immunoprécipitées avec un anticorps anti-Gal4 (Santa Cruz Biotech, Santa Cruz, Etats-Unis) toute la nuit à 4°C, incubées avec des billes de protéines G-sépharose 1 heure à 4°C (Amersham Pharmacia Biotech, Upsala, Suisse) puis rincées 5 fois dans le tampon de lyse avant d'être éluées par 3mn d'incubation dans un tampon contenant du sodium dodécyl sulfate ou SDS (Tris-HCl 100mM, pH8, 0,01% bleu de bromophénol, 36% glycérol, 4% de SDS) à 100°C.

Selon la technique du Western Blot, les protéines migrent dans un gel d'éléctrophorèse de SDS-polyacrylamide 10% à 100 V pendant 2 heures puis sont transférées sur une membrane de nitrocellulose. Celle-ci est hybridée avec un anticorps anti-Myc-HRP (Roche Diagnostics, Indianapolis, Etats-Unis), anti-flag-

HRP (Sigma) ou anti-Gal$_4$ (Santa Cruz Biotech) au 1/200e dans une solution de TBS-Tween 0,1% (TBS ou « Tris Buffer Saline » : Tris pH 7,5 0,01 M et NaCl 0,1 M) contenant 5% de lait en poudre pendant 3 heures à TA. Après 3 rinçages dans du lait 5%-TBS-Tween 0,1%, la membrane est incubée avec l'anticorps secondaire, un anti-souris (Santa Cruz) au 1/5000e pendant 1heure à TA. Deux rinçages dans du lait 5%-TBS-Tween 20 0,1%, et un rinçage dans du TBS-Tween 20 0,1% précèdent la révélation. Cette dernière s'effectue avec un système de détection chimioluminescent (ECL+ ; Amersham Parmacia Biotech).

2.5 Northern blot

L'extraction et la purification des ARNs s'effectuent à l'aide d'un kit Rneasy (Quiagen SA, Courtaboeuf, France) dont le principe est l'absorption des ARNs sur une membrane contenant de la silice.

Quarante micro-grammes d'ARN sont déshydratés. A chaque échantillon d'ARNs, on ajoute 30 µl de tampon de charge (MOPS 10X 13%, formaldéhyde 22,5%, formamide 64,5%). Cette solution d'ARNs est chauffée à 65°C, refroidie dans la glace puis déposée dans un gel d'agarose après addition de 3µl de tampon de charge (Glycérol 17%, EDTA 1mM, BBP 0,4%, xylène cyanide 0,4). La migration se fait à 100 V pendant 4-5 heures. Le gel est ensuite transféré par capillarité sur une membrane de nylon toute une nuit dans du SSC 10X (SSC : « Saline Sodium Citrate Buffer », 1X : 0,15 M NaCl, 0,015 M citrate de sodium). Le lendemain, la membrane est rincée dans du SSC 2X avant d'être séchée à 80°C. Les ARNs sont fixés sur la membrane par la technique du « UV cross linker » (Amersham Pharmacia Biotech, Upsala, Suisse), laquelle consiste à former des liaisons entre des résidus de thymidine de l'ADN et les groupes amines chargés positivement de la membrane de nylon (15 secondes à 254 nm). La sonde d'ADNc (ADN complémentaire) est marquée avec du ^{32}PdCTP selon le protocole du « Random Priming » (kit Ready to go, Amersham Biotech). La membrane rincée dans du SSC 2X est pré-hybridée avec le tampon d'hybridation (formamide 50%, phosphate de sodium 125 mM, NaCl 25 mM, SDS 24 mM), 5 min à 43°C, avant d'être hybridée dans du tampon d'hybridation contenant la sonde marquée, à 43°C toute la nuit. Le jour suivant, la membrane est rincée plusieurs fois dans du SSC 2X-0,1% SDS, mises sous saran et placée dans une cassette, un écran au-dessus. Vingt-quatre heures après, l'écran est scanné.

2.6 Immunofluorescence

Des cellules WI26 (30 000 cellules/puit) sont ensemencées sur des lames Lab-tek^{TM}. Ces cellules sont cultivées 15 heures dans du milieu 1% SVF avant d'être traitées avec le CD2043 ou le CD3106 en présence comme en absence de TGF-β (10 ng / ml) pendant 24 heures. Les cellules sont ensuite lavées au PBS froid, fixées et perméabilisées dans du méthanol à − 20°C pendante 10 minutes. Après deux rinçage au PBS, les lames sont saturées dans une solution de PBS contenant 0,1% de sérum albumine bovine ou BSA (Sigma), 15 minutes à TA avant d'être incubée avec l'anticorps primaire anti-Smad2/3 (Transduction Laboratories, Etats-Unis) au 1/200e dans une solution PBS 0,1% BSA pendant 1heure à TA. Les lames sont lavées au PBS puis les cellules sont mises en contact avec la solution contenant le deuxième anticorps anti-souris-CY3 (Sigma) au 1/250e pendant 30 minutes à l'obscurité. La lecture est effectuée à l'aide d'un microscope à fluorescence.

2.7 RT-PCR quantitative

L'extraction et la purification des ARNs s'effectuent à l'aide d'un kit Rneasy (Quiagen SA, Courtaboeuf, France) dont le principe est l'absorption des ARNs sur une membrane contenant de la silice.

Le taux d'ARNms du collagène de type VII est déterminé par RT-PCR (RT : Reverse Transcription, PCR : Polymerase Chain Reaction) en temps réel TaqMan (Perkin Elmer ; Foster City, Etats-Unis). Le primer sens et antisens du gène du collagène de type VII, *COL7A1*, sont respectivement :

5'TCGATCGACTCGGTGACTTTG3' et 5'AAAGGGACCGGCTAACAGTCA3'. La sonde interne TaqMan™ 5'TCCAGGGC ATCCAGCTACATCCTATCC3' est marquée avec le fluorochrome FAM. Les primers et la sonde interne TaqMan™ (marquée avec le fluorochrome VIC) de la GAPDH (« Glyceraldehyde phosphate dehydrogenase) proviennent de Perkin Elmer (Foster City, Etats-Unis). Pour un volume de 25 µl, on additionne à 5 µl d'ADNcs, les primers sens et anti-sens de *COL7A1* (300 nM), la sonde interne marquée TaqMan™ de *COL7A1* (300 nM), le tampon TaqMan™ 1X (5 mM Mn(Oac)2 ; dA/dC/dG/dUTP 200 µM ; AmpliTaq 0,625 U) et le mixe TaqMan™ correspondant aux primers et à la sonde marquée spécifique de la GAPDH). Les conditions de la réaction de la RT sont les suivantes ; 60 mn à 42°C, 5 mn à 95°C et 5 mn à 4°C. La RT-PCR en temps réel est effectuée comme suit : 10 mn à 95°C pour activer l'enzyme puis 45 cycles composés de 15 secondes à 95 °C et 1 mn à 60°C. Les mesures sont effectuées en « duplicate » et normalisées par la GAPDH.

2.8 Mesure de l'activité des rétinoïdes

2.8.1 Liaison aux récepteurs :

Des cultures de cellules COS7 sont transfectées avec des vecteurs d'expression codant pour RARα, RARβ et RARγ. Après quatre jours, les protéines nucléaires sont extraites en présence d'ADNase et de 0,6M de NaCl. Ces protéines nucléaires sont mises en présence d'un rétinoïde tritié (CD367) puis du ligand non marqué à différentes concentrations. Le rétinoïde froid rentre alors en compétition avec le CD367 radiomarqué. On mesure la constante de dissociation (Kd), concentration du ligand des RARs permettant de déplacer 50% de CD367 marqué (Figure n°32A).

2.8.1 Tests sur cellules F9

Les cellules F9 sont des cellules embryonnaires de tératocarcinomes embryonnaires de souris connues pour se différencier en présence de rétinoïdes.

Figure n°32 : Tests de mesure de l'activité des rétinoïdes

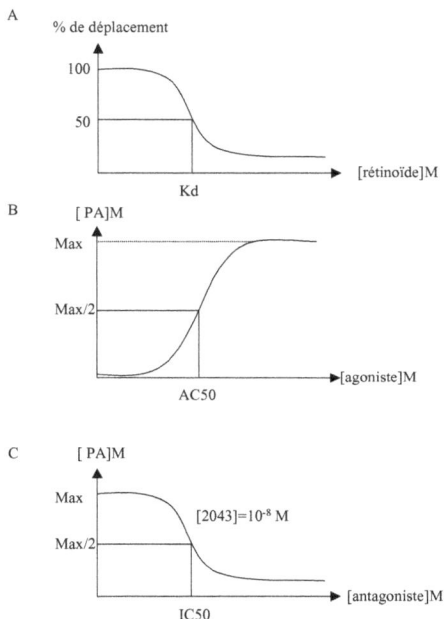

A : Mesure de la liaison des rétinoïdes à leurs récepteurs (calcul de la constante de dissociation : Kd)

B : Mesure de la sécrétion de « plasminigen activator » (calcule de la concentration permettant une sécrétion 50% : AC50).

C : Mesure de la répression par un antagoniste des RARs de la sécrétion de PA (calcul de la concentration permettant une inhibition de 50% : IC50).

2.8.1.1 Mesure de l'activité des agonistes des RARs

Les cellules F9 sont cultivées pendant quatre jours en présence d'un agoniste des RARs à des concentrations croissantes. La sécrétion de l'activateur de plasminogène dans le milieu de culture est alors mésurée. La valeur d'AC50 correspond à la concentration de rétinoïdes donnant 50% de la quantité maximale de PA sécrété (Figure n°32B).

2.8.1.2 Mesure de l'activité des antagonistes des RARs

Les cellules F9 sont traitées avec le CD2043, un agoniste des RARs à une concentration de 10^{-8}M. Cette concentration permet une sécrétion maximale de PA (Plasminogen Activator) après 4 jours de traitement. L'ajout d'un antagoniste des RARs à des concentrations croissantes engendre une répression de cette sécrétion. On mesure alors la concentration nécessaire pour inhiber 50% de la sécrétion de PA : l'IC50 (Figure n°32C).

L'ensemble de ces tests a permis de classer les ligands des RARs en fonction de leur potentiel d'action. Le CD3106 est l'antagoniste des RARs le plus puissant. Il est capable de dissocier chaque type de récepteur de son ligand à de faibles concentrations et à une IC50 de 2nM. Le CD3581 semble être plus spécifique du récepteur RARβ puisqu'il est apte à dissocier l'agoniste de RARβ à une concentration de 16 nM. Le CD2848 est le plus faible des antagonistes des RARs, il n'agit sur la liaison ligand-récepteur qu'à de fortes concentrations quelque soit le récepteur.

Tableau n°10 : Propriétés de l'agoniste et des antagonistes des RARs

	Liaison sur les récepteurs Kd en nM			Test F9 agoniste AC50 en nM	Test F9 antagoniste IC50 en nM
	RARα	RARβ	RARγ		
Agoniste CD2043	31	32	59	5	---
Antagoniste CD3106	9	10	4	---	2
Antagoniste CD3581	422	16	79	--	15
Antagoniste CD2848	1994	395	93	--	10

3 Résultats

3.1 Interaction ligand-dépendante entre les récepteurs de l'acide rétinoïque et la voie de signalisation du TGF-β par les Smads.

Une première approche pour examiner les interactions possibles entre la voie de signalisation de l'AR et celle du TGF-β a consisté à déterminer si des agonistes et antagonistes des RARs avaient un effet sur la voie de signalisation du TGF-β.

3.1.1 Les ligands des RARs modulent la transactivation Smad-dépendante induite par le TGF-β.

Nous avons étudié l'action éventuelle de ces ligands des RARs sur la réponse au TGF-β en les additionnant au milieu de cultures de cellules WI26 préalablement transfectées avec une construction artificielle Smad3/4-spécifique, (CAGA)$_9$-lux (301). L'ARtt et le CD2043, un agoniste synthétique des RARs, ont tous les deux un effet inhibiteur dose-dépendant sur la transactivation de (CAGA)$_9$-lux induite par le TGF-β (Figure n°33A). Cette répression est maximale, 35% (ARtt) et 55% (CD2043), à la concentration de 10^{-6}M. Le CD2043 possédant, d'une part un potentiel de répression supérieur ou égal, selon les concentrations utilisées, à l'ARtt, et d'autre part une stabilité en solution plus importante, nous avons décidé de poursuivre les expérimentations uniquement avec le CD2043. A l'inverse, les antagonistes des RARs, les CD3581 et CD3106, à la concentration de 10^{-6}M, potentialise la transactivation de (CAGA)$_9$-lux induite par le TGF-β, respectivement de + 34 % et + 167 %. Le CD2848, l'antagoniste des RARs considéré comme le moins actif au niveau des tests de mesure du potentiel antagoniste des ligands des RARs (Tableau n°10), n'a aucune action sur cette transactivation. Le CD3106 étant l'antagoniste des RARs le plus puissant au niveau des tests de mesure du potentiel antagoniste des ligands des RARs (Tableau n°10) et de nos expériences de transactivation (Figure

91

n°33B), nous avons décidé de continuer ces travaux uniquement avec le CD3106. Ce dernier potentialise de manière dose-dépendante la réponse au TGF-β avec un effet maximal (+190%) à 10^{-6}M. A 10^{-8}M, le CD3106 a encore un effet non négligeable (+50%) sur la réponse de (CAGA)$_9$-lux au TGF-β (Figure n°33C).

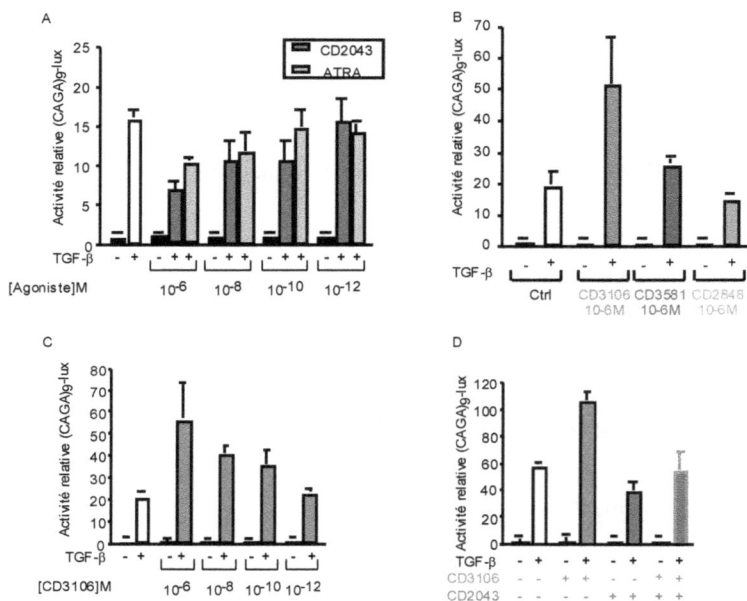

Figure n°33 : Effets des agonistes et antagonistes des RARs sur la réponse transcriptionnelle au TGF-β spécifique de Smad3/4. *A,* Des cultures de cellules WI26 sub-confluentes ont été transfectées avec la construction (CAGA)$_9$-lux. Trois heures après le choc glycérol, l'ARtt (bleu) et l'agoniste des RARs, le CD2043 (gris) ont été additionnés, à des concentrations croissantes, sans (-) ou avec (+) du TGF-β (10 ng / ml). Vingt quatre heures après, l'activité du gène rapporteur a été mesurée. *B,* Des cultures de cellules WI26 sub-confluentes ont été transfectées avec la construction (CAGA)$_9$-lux. Trois heures après le choc glycérol, les cellules sont traitées avec trois antagonistes différents: le CD3106, le 3581 et le CD2848 en présence ou en absence de TGF-β (10 ng / ml). *C,* Des cultures de cellules WI26 sub-confluentes ont été transfectées avec (CAGA)$_9$-lux. Trois heures après le choc glycérol, l'antagoniste des RARs, le CD3106 a été additionné, à des concentrations croissantes, sans (-) ou avec (+) du TGF-β (10 ng / ml). *D,* Des cultures de cellules WI26 sub-confluentes ont été transfectées avec la construction (CAGA)$_9$-lux puis traitées avec le CD2043 (10^{-7} M) en présence ou en absence de CD3106 (10^{-6} M) sans (-) ou avec (+) du TGF-β (10 ng / ml). Vingt-quatre heures après, l'activité luciférase a été mesurée

Lorsque l'agoniste des RARs, le CD2043, et l'antagoniste des RAR, le CD3106, sont ajoutés simultanément à un rapport de 1/10 (10^{-7}M CD2043, 10^{-6}M CD3106), leurs actions sur la transactivation induite par le TGF-β se neutralisent (Figure n°33D). Ces données suggèrent que les actions de l'agoniste et de l'antagoniste des RARs mettent en jeu les RARs endogènes présents.

3.1.2 La sur-expression des RARs potentialise une transactivation Smad3-dépendante

Nous avons ensuite examiné le rôle des récepteurs de l'AR sur la voie de signalisation du TGF-β, en évaluant les effets d'une sur-expression de ces récepteurs sur la transactivation de la construction (CAGA)$_9$-lux induite par le TGF-β.

3.1.2.1 La sur-expression des RARs potentialise l'effet du TGF-β

Dans un premier temps, des cultures de cellules WI26 ont été transfectées avec la construction (CAGA)$_9$-lux et un vecteur d'expression pour RAR (α, β ou γ) en absence et en présence de TGF-β. La sur-expression des récepteurs RARα, RARβ ou RARγ engendre une augmentation significative de l'action du TGF-β sur la transactivation de (CAGA)$_9$-lux (de 50 % à 500 %). De manière reproductive, RARγ est le plus actif des 3 récepteurs (Figure n°34A). Afin de spécifier le rôle de Smad3 dans l'effet activateur des RARs sur une transactivation induite par le TGF-β, nous avons co-transfecté les cultures de cellules WI26 avec la construction (CAGA)$_9$-lux avec un vecteur d'expression pour un RAR (α, β ou γ) en absence et en présence d'un vecteur d'expression pour Smad3. En présence de Smad3, la sur-expression des RARs (α, β, γ), aboutit à la potentialisation de l'effet de Smad3 sur l'activité de (CAGA)$_9$-lux (Figure n°34B). Dans cette expérience, RARγ apparaît également comme le récepteur possédant le potentiel d'activation le plus important (+ 1000%). Ces données soutiennent l'hypothèse d'une implication des RARs et plus particulièrement de RARγ dans l'interaction entre la voie de signalisation du TGF-β par les Smads et celle de l'ARtt.

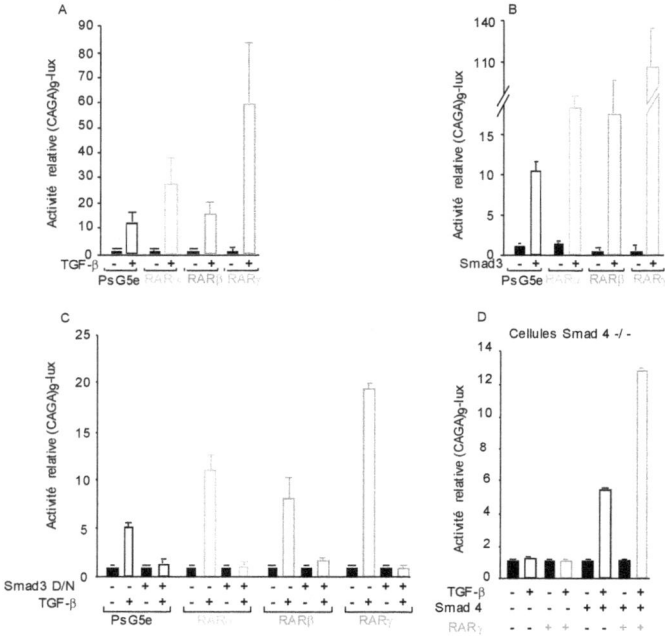

Figure n°34 : Une sur-expression des RARs potentialise une transactivation Smad3-dépendante. *A,* des culture de cellules WI26 sub-confluentes ont été co-transfectées avec la construction (CAGA)$_9$-lux et un des vecteurs d'expression pour RARα, RARβ ou RARγ. Trois heures après, les cellules ont été traitées au TGF-β (10 ng / ml). Vingt-quatre heures après, l'activité luciférase a été mesurée. *B,* des cultures de cellules WI26 sub-confluentes ont été co-transfectées avec la construction (CAGA)$_9$-lux et un des vecteurs d'expression pour RARα, RARβ ou RARγ en présence ou absence d'un vecteur d'expression pour Smad3. L'activité du gène rapporteur a été déterminée après 24 heures de traitement. *C,* selon le même protocole, des cultures de cellules WI26 sub-confluentes ont été co-transfectées avec la construction (CAGA)$_9$-lux et un des vecteurs d'expression pour RARα, RARβ ou pour RARγ en présence ou absence d'un vecteur d'expression pour une forme dominante négative pour Smad3 (Smad3 D/N). *D,* des cultures de cellules Smad4-déficientes sub-confluentes, ont été co-transfectées avec la construction (CAGA)$_9$-lux et le vecteur d'expression pour RARγ en présence ou absence d'un vecteur d'expression pour Smad4. Trois heures après la transfection, les cellules sont traitées au TGF-β (10 ng / ml) pendant 24 heures. L'activité luciférase a été ensuite mesurée.

3.1.2.2 La sur-expression d'une forme dominante négative de Smad3 inhibe l'action des RARs sur la transactivation TGF-β-dépendante

Afin de confirmer le rôle crucial de Smad3 dans l'effet des RARs sur la transactivation de (CAGA)$_9$-lux induite par le TGF-β, des cultures de cellules WI26 ont été transfectées avec le vecteur d'expression pour une forme dominante négative de Smad3 (Smad3 D/N), ne contenant pas de domaine MH2 et donc incapable de transactiver des promoteur Smad3-dépendant ou de se lier à d'autres protéines comme Smad4, avec un vecteur d'expression pour RAR (α, β ou γ) et la construction (CAGA)$_9$-lux. La sur-expression des RARs et de S3D/N empêche non seulement l'effet du TGF-β sur la transactivation de (CAGA)$_9$-lux mais également l'action propre des RARs sur cette réponse (Figure n°34C). Ces résultats suggèrent que la présence de Smad3 est indispensable à l'action des RARs sur la transactivation de (CAGA)$_9$-lux induite par le TGF-β.

3.1.2.3 La présence de Smad4 est indispensable à la potentialisation de l'effet du TGF-β par les RARs

Comme nous l'avons décrit précédemment, une transactivation Smad3-dépendante implique une hétérodimérisation avec Smad4, protéine indispensable à la translocation nucléaire des R-Smads. L'étude du rôle de Smad4 dans la potentialisation, d'une transactivation TGF-β–dépendante par les RARs, a été réalisée sur des cellules humaines de carcinomes de seins MDA-MB-468, déficientes en protéine Smad4, du fait de la délétion d'une partie du chromosome 18q comprenant le gène Smad4 (379). Des cultures de cellules MDA-MB-468 ont été transfectées avec la construction artificielle (CAGA)$_9$-lux et le vecteur d'expression pour RARγ en présence et en absence de TGF-β. Dans ces cellules, il n'y a aucun effet du TGF-β sur la construction (CAGA)$_9$-lux en présence ou en absence de sur-expression de RARγ (Figure n°34D). Toutefois, une sur-expression de Smad4 restaure la réponse "normale" au TGF-β ainsi que sa potentialisation par RARγ. Ces données suggèrent que la protéine Smad4 soit nécessaire à l'effet activateur de RARγ sur la transactivation de (CAGA)$_9$-lux induite par le TGF-β.

L'ensemble de ces résultats confirme l'idée qu'une transactivation Smad3/Smad4-dépendante en réponse au TGF-β est indispensable à l'action synergique des RARs. Cette dernière n'est donc pas la conséquence d'un effet transcriptionnel directe des RARs sur la construction artificielle (CAGA)$_9$-lux mais le résultat d'une interaction entre les Smads et les RARs.

3.1.3 Les ligands des RARs n'agissent pas sur la translocation du complexe Smad3/Smad4

Le complexe Smad3/4 étant l'élément essentiel de la voie de signalisation du TGF-β par les Smads, nous avons testé l'hypothèse selon laquelle les ligands des RARs pourraient favoriser ou défavoriser la translocation de Smad3 dans le noyau. Pour cela, nous avons induit des cellules soit avec l'agoniste (CD2043) à 10^{-7}M, soit avec l'antagoniste (CD3106) à 10^{-6}M en présence comme en absence de TGF-β. Ces cellules sont ensuite perméabilisées avant d'être incubées avec un anticorps anti-Smad2/3 puis avec un anticorps secondaire couplé à un fluorochrome. Le DAPI permet de visualiser les noyaux des cellules en bleu alors que la fluorescence permet de localiser Smad2 et Smad3 (en rouge sur les photos).

En absence de TGF-β (Figure n°35A), Smad2/3 est présent dans le cytoplasme. Après 30 minutes de traitement au TGF-β, on observe une localisation nucléaire de Smad2/3, conséquence de la translocation des protéines Smad2/3 du cytoplasme vers le noyau, induite par le TGF-β (Figure n°35B). En présence de CD3106, il n'y a aucun effet sur la localisation de Smad2/3. En absence de TGF-β, celui-ci est uniquement présent dans le cytoplasme (Figure n°35C).

Lors d'un traitement combiné CD3106/TGF-β, la translocation des protéines Smad2 et/ou Smad3 (Figure n°35D) semble identique à celle observée lors d'un traitement au TGF-β seul (Figure n°35B).

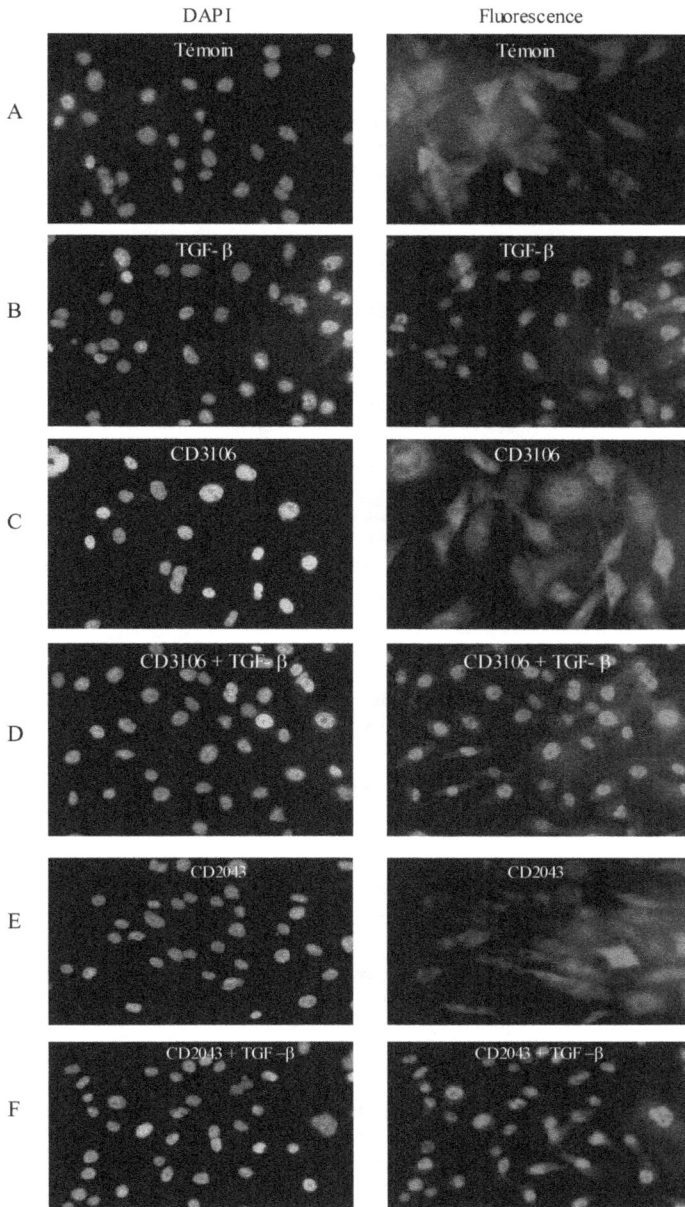

Figure n°35: Le CD3106 et le CD2043 n'agissent pas sur le processus de translocation de Smad2 et Smad3. Des cultures de cellules WI26 sont traitées avec le CD3106 (10^{-6}M) ou le CD2043 (10^{-7}M) pendant une nuit en présence ou en absence de TGF-β (30 minutes).

Aucune variation d'intensité n'a été observée. De même, le traitement des cellules avec l'agoniste des RARs, le CD2043, en absence (Figure n°35E) ou en présence de TGF-β (Figure n°35F) n'a aucune influence sur la localisation de Smad2/3. Ainsi, cette expérience d'immunofluorescence, montre que les ligands des RARs n'influencent pas la localisation cytoplasmique de Smad2/3 en absence de TGF-β ou la translocation nucléaire de ces protéines induite par le TGF-β.

3.1.4 La présence d'un ligand des RARs modulent l'action de la sur-expression de RARγ sur une transactivation Smad3/4 dépendante

La voie de signalisation de l'ARtt n'est initiée qu'en présence de ligand des RARs. Dans la littérature, la présence de l'ARtt ou d'un agoniste permet aux RARs et RXRs de transactiver les gènes dits rétinoïdes-dépendants (58). La mise en évidence d'un effet des RARs sur la voie de signalisation du TGF-β, pose la question du rôle des ligands des RARs, agonistes ou antagonistes sur l'interaction transcriptionnelle entre les protéines Smad3 et RARγ. Nous avons donc étudié les conséquences de la présence d'un ligand qu'il soit agoniste ou antagoniste des RARs sur la potentialisation de la transactivation de $(CAGA)_9$-lux. Pour cela, des cultures de cellules WI26 ont été transfectées avec la construction $(CAGA)_9$-lux et les vecteurs d'expression pour RARγ et Smad3 en présence ou en absence des ligands des RARs. L'antagoniste des RARs, le CD3106 à 10^{-6}M, augmente considérablement l'effet de la sur-expression de RARγ sur la transcription Smad3-dépendante (+ 325 %) alors que l'agoniste des RARs, le CD2043, inhibe totalement cet effet à 10^{-7}M (Figure n°36A). Lorsque le CD2043 est ajouté à des concentrations croissantes, il réprime l'action de RARγ de manière dose-dépendante (Figure n°36B). Ceci indique que la liaison d'un ligand sur le récepteur RARγ affecte l'interaction fonctionnelle entre Smad3 et RARγ.

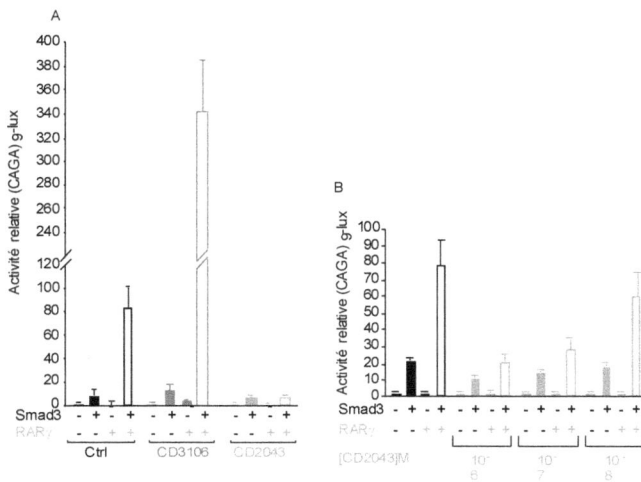

Figure n°36 : La présence d'un ligand module l'action des RARs sur la transactivation d'une construction Smad-3/4-spécifique. *A,* des cultures de cellules WI26 sub-confluentes ont été co-transfectées avec la construction $(CAGA)_9$-lux et le vecteur d'expression pour RARγ en présence ou absence d'un vecteur d'expression pour Smad3. Trois heures après le choc glycérol, les cellules sont traitées au CD3106 (10^{-6} M) ou CD2043 (10^{-7} M). Vingt-quatre heures après, l'activité luciférase a été mesurée. *B,* des cultures de cellules WI26 sub-confluentes ont été co-transfectées avec la construction $(CAGA)_9$-lux et un vecteur d'expression pour RARγ en présence ou absence d'un vecteur d'expression pour Smad3. Trois heures après, l'agoniste des RARs, le CD2043, a été additionné au milieu de culture, à des concentrations croissantes. Les cellules ont été traitées 24 heures avant de mesurer l'activité du gène rapporteur.

3.1.5 Le domaine MH2 de Smad3 interagit avec les régions DEF de RARγ

L'interaction transcriptionnelle entre les voies de signalisation de l'ARtt et du TGF-β étant établie, nous avons étudié, par la technique d'immunoprécipitation l'hypothèse d'une interaction moléculaire entre les récepteurs de l'acide rétinoïque et Smad3. Des cellules COS7 ont été transfectées avec les vecteurs d'expression pour Smad3-Flag et/ou pour Gal4-RARγ-DEF ou Gal4vide. Dans l'hypothèse d'une interaction entre Smad3-Flag et Gal4-RARγ-DEF, Smad3-Flag pourra être révélé avec un anti-corps anti-Flag après immunoprécipitation de Gal$_4$-RARγ-DEF avec un anticorps anti-Gal4.

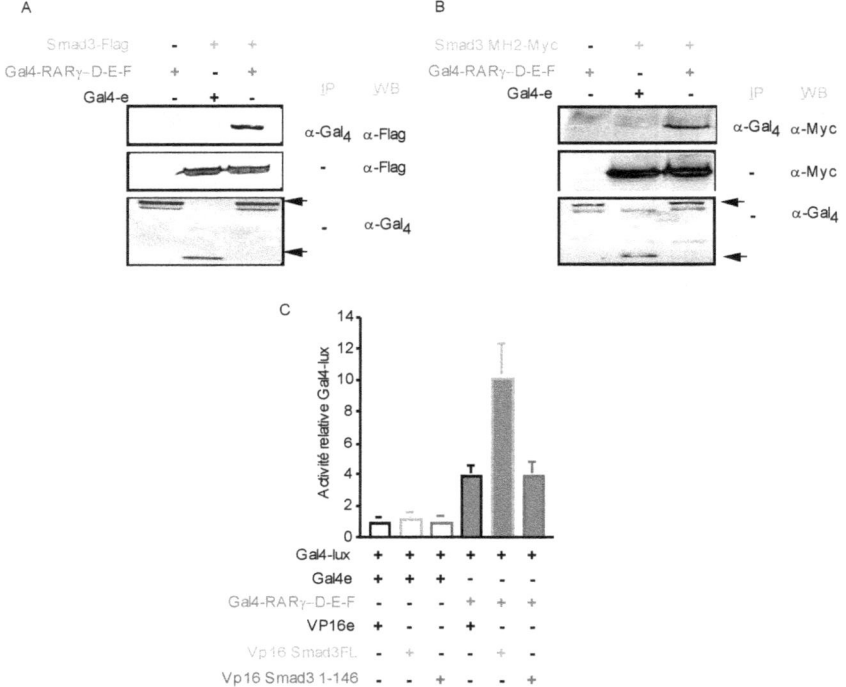

Figure n°37 : Le domaine MH2 de Smad3 interagit avec les domaines DEF de RARγ. *A,* des culture de cellules COS7 ont été transfectées avec les vecteurs d'expression pour Smad3-Flag et Gal$_4$-RARγ-DEF ou Gal$_4$vide. Ce dernier étant utilisé comme un contrôle. Les lysats cellulaires ont été immunoprécipités (IP) avec un anticorps anti-Gal4 puis la co-précipitation de Smad3 a été détectée par Western Blot (WB) à l'aide d'un anticorps anti-Flag (panneau du haut). Parallèlement, le niveau d'expression des protéines RARγ et Smad3 a été vérifié par WB en utilisant les anticorps anti-Flag (panneau du milieu) et anti-Gal$_4$ (panneau du bas). *B,* des cultures de cellules COS7 ont été transfectées avec les vecteurs d'expression pour Smad3MH2-Myc et Gal$_4$-RARγ-DEF ou Gal$_4$vide. Selon le même protocole, excepté l'utilisation d'un anticorps anti-Myc pour la révélation de l'IP, les extraits cellulaires ont été immunoprécipités et le taux d'expression des protéines a été vérifié en WB. *C,* des culture de cellules WI26 sub-confluentes ont été co-transfectées avec la construction Gal$_4$-lux et le vecteur d'expression pour Gal4-RARγ-DEF en présence ou absence du vecteur d'expression pour pVP16Smad3FL ou de pVP16Smad3(1-146). Les vecteurs d'expression pour pVP16 et Gal$_4$ vides ont été utilisés pour maintenir le taux d'ADN transfecté constant dans chaque échantillon. Vingt-quatre heures après, l'activité luciférase a été mesurée.

Dans nos expériences (Figure 37A), la co-précipitation de Smad3-Flag et de Gal₄-RARγ-DEF avec l'anticorps anti-Gal₄ met en évidence une interaction en solution entre les régions DEF de RARγ et Smad3. Parallèlement, selon la même technique d'immunoprécipitation, l'utilisation du vecteur d'expression pour Smad3MH2 marqué Myc, constitué uniquement du domaine MH2 de Smad3, a permis de déterminer que le domaine MH2 de Smad3 est suffisant pour permettre la liaison de Smad3 à RARγ-DEF (Figure n°37B). Un Western Blot (panneau du bas des Figures 37A et B) effectué avec un anticorps anti-Gal4 puis anti-Flag ou Myc, permet de contrôler que le niveau d'expression des protéines est identique dans chaque échantillon et atteste de la spécificité de l'interaction observée en IP.

Nous avons ensuite cherché à confirmer ces résultats en utilisant un système de double hybride sur cellules de mammifère. Dans ce système, la construction Gal₄RE-lux, laquelle correspond à une répétition de l'élément de réponse spécifique du domaine de liaison à l'ADN de Gal₄ (Gal₄BD), est co-transfectée avec le vecteur d'expression pour la protéine de fusion Gal₄BD-RARγ-DEF, en présence ou en absence du vecteur d'expression pour VP16AD-Smad3. Lorsque Gal₄BD-RARγ-DEF se fixe aux sites de liaison de Gal₄RE-lux, la fonction d'activation AF2 présent au niveau de la région E de Gal₄BD-RARγ-DEF engendre la transactivation du gène rapporteur luciférase (Figure n°37C). En présence de VP16AD-Smad3, l'activité luciférase est augmentée par la proximité du domaine d'activation VP16 et de Gal₄RE-lux, provoquée par l'interaction Gal₄BD-RARγ-DEF / VP16AD-Smad3. Aucun effet n'a été observé en présence de pVP16ADvide ou Gal₄Bdvide. Lors de l'utilisation d'un vecteur VP16AD-Smad3(1-146), constitué uniquement du domaine MH1 de Smad3, on ne constate aucune potentialisation de l'activité luciférase, ce qui indique que le domaine MH1 de Smad3 seul, contrairement au domaine MH2, ne permet pas l'interaction RARγ/Smad3 (Figure n°37C).

3.1.6 La présence d'un ligand des RARs module l'interaction entre les protéines Smad3 et RARγ

L'interaction physique entre les protéines RARγ et Smad3 étant établie, nous avons examiné l'influence d'un ligand des RARs, agoniste ou antagoniste sur cette interaction. Des cellules COS7 ont été transfectées avec le vecteur d'expression pour Smad3-Flag et/ou Gal$_4$-RARγ-DEF ou Gal$_4$vide. Trois heures après, ces cellules sont traitées soit avec l'agoniste des RARs (CD2043) à 10^{-7}M, soit avec l'antagoniste des RARs (CD3106) à 10^{-6}M pendant 24 heures. Selon le même protocole d'immunoprécipitation que précédemment, on visualise l'interaction entre les protéines RARγ et Smad3 (Figure n°38, Ligne 1-3). L'agoniste des RARs, le CD2043, altère l'interaction RARγ/Smad3 (Figure n°38, ligne 4-6) alors que l'antagoniste des RARs, le CD3106, la favorise (Figure n°38, lignes 7-9). Le niveau d'expression des protéines dans chaque échantillon est contrôlé par WB (Figure n°38, panneau du bas). Ces données sont en adéquation avec celles obtenues sur l'interaction transcriptionnelle.

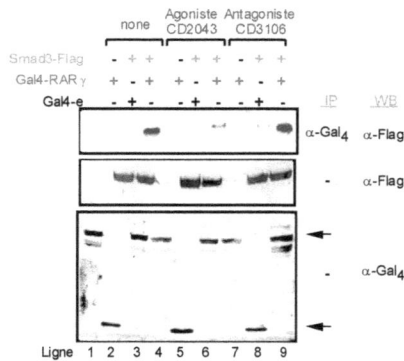

Figure n°38 : La présence de ligands des RARs module l'interaction RARγ/Smad3. Des cultures de COS7 ont été transfectées avec Smad3-Flag et Gal$_4$-RARγ-DEF ou Gal$_4$vide. Trois heures après, les cellules ont été traitées, avec le CD3106 (10^{-6} M), ou le CD2043 (10^{-7} M). Les lysats cellulaires ont été immunoprécipités (IP) avec un anti-Gal4 puis la co-précipitation de Smad3 a été détectée par Western Blot (WB) à l'aide d'un anticorps anti-Flag. L'expression des protéines RARγ et Smad3 a été vérifiée par WB en utilisant les anticorps anti-Flag et anti-Gal$_4$.

3.1.7 Les régions EF de RARγ sont impliqués dans l'interaction des protéines Smad3 et RARγ

Pour identifier les régions de RARγ impliquées dans l'interaction entre RARγ et Smad3, nous avons construit par PCR différents vecteurs d'expression pour des formes tronquées de ce récepteur (Figure n°39). Le potentiel d'activation de la réponse au TGF-β de chaque construction a été évalué sur la transactivation Smad3/4-dépendante de $(CAGA)_9$-lux induite par le TGF-β. Nous avons donc co-transfecté la construction $(CAGA)_9$-lux et un vecteur d'expression pour les régions CDEF, DEF, EF ou AB en présence ou en absence de TGF-β. La délétion des régions A, B, C et D du récepteur RARγ n'altère pas l'interaction transcriptionnelle entre ce récepteur et Smad3 (Figure n°39). De plus, la construction RARγ-AB n'a aucune action sur cette transactivation (Figure 39). Ces résultats suggèrent que la séquence protéique indispensable à l'action de RARγ sur la réponse au TGF-β est située dans les régions EF de ce récepteur.

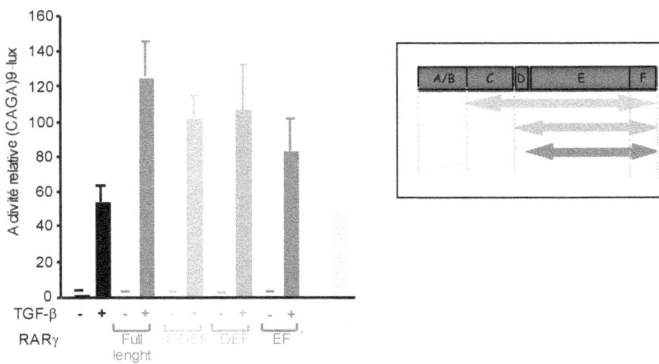

Figure n°39 : Les domaines EF de RARγ interagissent avec Smad3. Des cultures de cellules WI26 sub-confluentes ont été co-transfectées avec $(CAGA)_9$-lux et un vecteurs d'expression pour RARγ-AB, . RARγ-CDEF, RARγ-DEF ou RARγ-EF. Trois après, les cellules ont été traitées au TGF-β pendant 24 heures puis l'activité luciférase a été mesurée.

3.1.8 Le mécanisme d'action du CD3106 n'inclue pas p300

Nous avons démontré une interaction physique entre les protéines Smad3 et RARγ. Toutefois, nous ne pouvons pas affirmer que cette interaction physique soit directe comme celle observé entre Smad3 et le récepteur aux androgènes (324) ou « indirecte » comme l'interaction VDR/Smad3 qui elle est stabilisée par le co-activateur nucléaire SRC-1 (303). En effet, lors de la technique d'immunoprécipitation nous utilisons un lysat cellulaire susceptible de contenir une ou plusieurs protéines endogènes participant à la formation du complexe Smad3/RARγ. L'implication d'une troisième protéine, un co-activateurs de la voie des Smads tel que CBP/p300, n'est donc pas exclue,. Dans cette optique, nous avons étudié l'implication éventuelle de p300 en co-transfectant le vecteur d'expression pour p300 et la construction (CAGA)$_9$-lux en présence comme en absence de l'antagoniste des RARs, le CD3106. La sur-expression de p300 potentialise l'effet du TGF-β sur la transactivation de (CAGA)$_9$-lux de + 128% en absence du CD3106 et de + 70% en présence de CD3106. La sur-expression n'a donc pas d'action synergique sur la transactivation Smad3/4-dépendante de (CAGA)$_9$-lux (Figure n°40), ce qui suggère que le co-activateur p300 n'est pas impliqué dans le mécanisme d'action de l'antagoniste des RARs sur la voie de signalisation du TGF-β par Smad3.

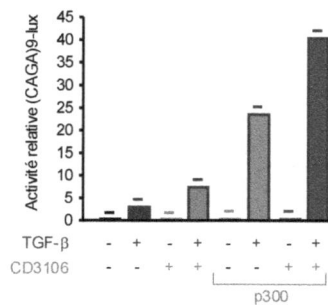

Figure n°40: la sur-expression de p300 ne potentialise pas l'effet de l'antagoniste des RARs sur une transactivation TGF-β-dépendante. Des cellules WI26 subconfluentes ont été transfectées avec les vecteurs d'expression (CAGA)9-lux et p300. Trois heures après, les cellules sont traitées au TGF-β (10 ng /ml). Après 24 heures, l'activité luciférase a été mesurée.

3.1.9 Le TGF-β n'a aucun effet sur la voie de signalisation de l'acide rétinoïque

Nous avons mis en évidence une action des RARs sur la voie de signalisation du TGF-β par Smad3. Afin de déterminer la spécificité de cette interaction RARs/Smads, nous avons étudié l'action du TGF-β sur la voie de signalisation de l'ARtt. Dans cet objectif, des cultures de cellules WI26 ont été transfectées avec la construction artificielle acide rétinoïque-spécifique (RARE)$_3$-lux. RARE étant la séquence consensus correspondant à élément de réponse à l'acide rétinoïque (58). Ces cultures de cellules ont ensuite été traitées au CD2043 (10^{-7}M) et/ou au TGF-β (10 ng/ml) pendant 24 heures. Malgré l'action des rétinoïdes et des RARs sur la voie de signalisation du TGF-β (Figure n°33 et 34), celui-ci n'a pas d'effet sur une transactivation ARtt-dépendante (Figure n°41). Cette expérience montre que l'interaction RARγ/Smad3 est spécifique à la voie de signalisation du TGF-β.

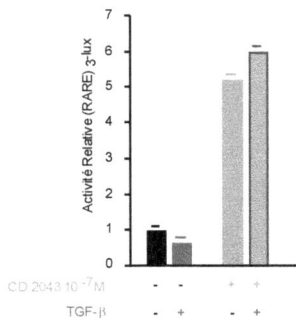

Figure n°41 : Le TGF-β n'a aucun effet sur la transcription d'une construction RAR/RXR-spécifique. Des cultures de cellules WI26 sub-confluentes ont été transfectées avec (RARE)$_3$-lux. Trois après la transfection, les cellules sont traitées au CD2043 avec (+) ou sans (-) TGF-β (10 ng /ml) pendant 24 heures. l'activité du gène luciférase a été mesurée.

3.1.10 La sur-expression de RARγ ne potentialise pas une transactivation Smad2-dépendante

La voie de signalisation du TGF-β impliquant soit Smad3 soit Smad2, nous avons voulu déterminer si RARγ avait le même effet activateur sur une transactivation Smad2-dépendante. Contrairement au complexe Smad3/Smad4 qui se fixe directement sur la séquence d'ADN cible, la liaison du complexe Smad2/Smad4 à l'ADN nécessite une protéine nucléaire de la famille Fast. Des cultures de cellules WI26 ont été transfectées avec une construction artificielle Smad2-spécifique, $(ARE)_3$-lux, et les vecteurs d'expression pour Fast-1 et RARγ en présence et en absence de TGF-β. La sur-expression de RARγ n'a aucun effet sur la réponse au TGF-β de cette construction (Figure n°42), ce qui suggère que l'interaction des récepteurs de l'acide rétinoïque avec les Smads est spécifique à une signalisation du TGF-β par Smad3.

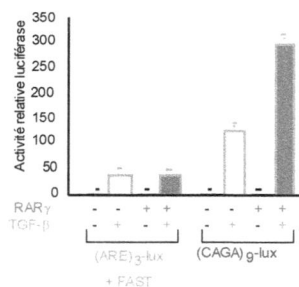

Figure n°42: la sur-expression de RARγ ne potentilaise pas la transactivation d'une construction Smad2-spécifique. Des cultures de WI26 sub-confluentes ont été co-transfectées, soit avec $(CAGA)_9$-lux, soit avec ARE-lux et Fast en absence ou en présence de la sur-expression de RARγ. Trois après, les cellules ont été traitées au TGF-β (10 ng/ml) pendant 24 H.

3.1.11 La sur-expression de RXRα potentialise une transactivation Smad3-dépendante

Afin d'évaluer le rôle des RXRs, partenaires des RARs lors de la transactivation induite par l'ARtt, des cellules WI26 ont été transfectées avec la construction (CAGA)$_9$-lux et le vecteur d'expression RXRα. La sur-expression de RXRα potentialise de + 140 % une transactivation de (CAGA)$_9$-lux induite par le TGF-β (Figure n°43A) et de + 153 % une transactivation de (CAGA)$_9$-lux induite par la sur-expression de Smad3 (Figures n°43B). Cet effet synergique de RXRα sur la réponse au TGF-β est inhibé par la sur-expression d'une forme dominante négative de Smad3 (Figure n°43C).

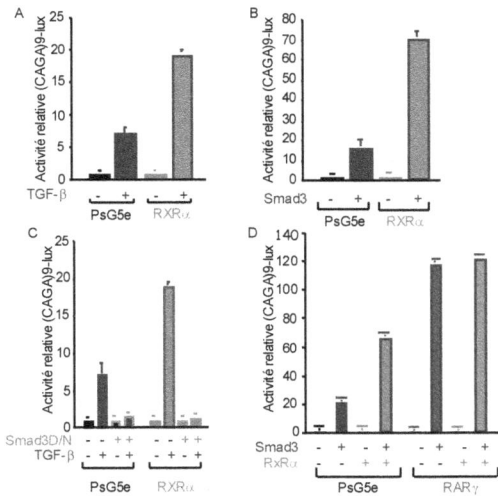

Figure n°43: Une sur-expression de RXRα potentialise la transactivation d'une construction Smad3/4-spécifique. *A,* des cultures de WI26 sub-confluentes ont été co-transfectées avec (CAGA)$_9$-lux et RXRα. Trois heures après, les cellules ont été traitées au TGF-β (10 ng / ml). *B,* des cultures de WI26 sub-confluentes ont été co-transfectées avec (CAGA)$_9$-lux et RXRα en présence ou absence de Smad3. *C,* des cultures de WI26 sub-confluentes ont été co-transfectées avec (CAGA)$_9$-lux et RXRα en présence ou absence de Smad3 D/N. *D,* des cultures de WI26 sub-confluentes ont été co-transfectées avec (CAGA)$_9$-lux, RXRα et RARγ en présence ou en absence de Smad3

Toutefois, aucune synergie n'a pu être mise en évidence lors de la sur-expression de RARγ en présence d'une sur-expression de RXRα (Figure n°43D). L'ensemble de ces données suggère que RXRα comme RARγ a un effet activateur sur une transactivation Smad3-dépendante.

3.2 Modulation de la réponse au TGF-β du promoteur du gène du collagène de type VII par des ligands des RARs

Nos travaux ont donc établi une interaction physique et transcriptionnelle entre le récepteur RARγ et Smad3. Toutefois, nos résultats ont été obtenus à l'aide d'une construction artificielle Smad3/4-spécifique. Dans la suite de cette étude, nous avons donc voulu vérifier ces résultats sur un promoteur d'un gène connu pour être moduler par le TGF-β via Smad3: le promoteur du gène du collagène VII, *COL7A1* (300).

3.2.1 Les ligands des RARs modulent l'activité basale et la transactivation TGF-β-dépendante de la construction -524COL7A1-lux.

Une première approche pour examiner les interactions fonctionnelles possibles entre l'acide rétinoïque et le TGF-β dans le contrôle de l'expression de *COL7A1*, a été de déterminer si des agonistes et antagonistes des RARs avaient un effet sur la réponse de *COL7A1* induite par le TGF-β. La construction utilisée contient la séquence -524/+92 de *COL7A1* cloné en amont du gène rapporteur luciférase et sera appelée -524COL7A1-lux dans la suite du texte. Cette séquence -524/+92 contient l'élément de réponse au TGF-β , SBS pour "Smad Binding Sequence" (300). Des cultures de cellules WI26 ont été transfectées avec la construction -524COL7A1-lux puis traitées avec les ligands des RARs en présence et en absence de TGF-β. Le CD2043, l'agoniste des RARs, inhibe de manière dose-dépendante non seulement la transactivation de -524COL7A1-lux induite par le TGF-β mais également l'activité de base de cette construction (Figure n°44A). La répression exercée sur la réponse au TGF-β est maximale (50%), à la concentration de 10^{-6} M. A l'inverse, l'antagoniste des RARs, le CD3106, augmente l'activité de -524COL7A1-lux avec un effet maximal de 300% à 10^{-6} M et possède une action synergique sur la réponse au TGF-β de cette construction, maximale (+ 800%) également pour la concentration de 10^{-6} M (Figure n°44B).

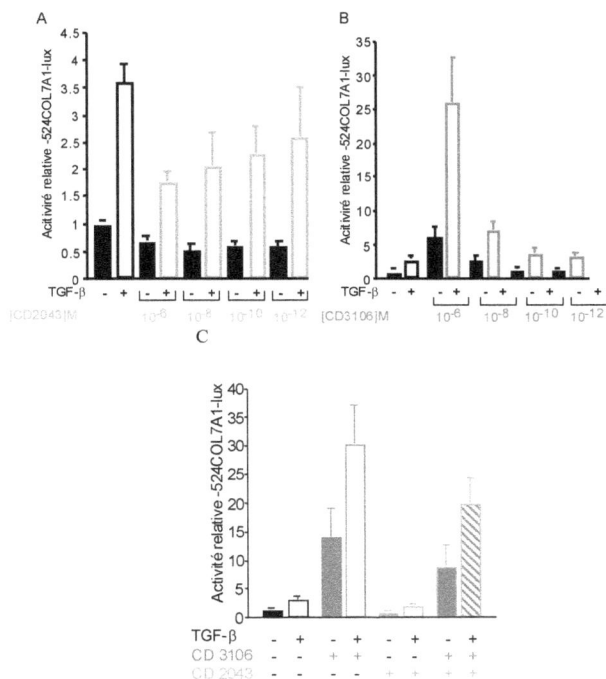

Figure n°44 : Des agonistes et antagonistes des RARs modulent la réponse au TGF-β du promoteur de *COL7A1*. *A*, Des cultures de cellules WI26 sub-confluentes ont été transfectées avec la construction -524COL7A1-lux. Trois heures après la transfection, l'agoniste des RARs, le CD2043, a été additionné à des concentrations croissantes, sans (-) ou avec (+) du TGF-β (10 ng / ml). Vingt-quatre heures après, l'activité luciférase a été mesurée. *B*, Le même protôcole que précédemment a été suivi, excepté le traitement des cellules qui a été effectué avec un antagoniste des RARs, le CD3106. *C*, Des cultures de cellules WI26 sub-confluentes ont été transfectées avec la construction -524COL7A1-lux puis traitées avec le CD2043 (10^{-7} M) en présence ou en absence de CD3106 (10^{-6} M) sans (-) ou avec (+) du TGF-β (10 ng / ml). Vingt-quatre heures après, l'activité luciférase a été déterminée.

Après avoir été transfectées avec la construction -524COL7A1-lux, des cultures de cellules WI26 sont traitées avec le CD2043 à 10^{-7}M et le CD3106 à 10^{-6}M. Le CD2043 réprime l'effet activateur du CD3106 sur la transactivation de -524COL7A1-lux (Figure n°44C). Ces données suggèrent que les actions de l'agoniste et de l'antagoniste des RARs sont spécifiques de la voie de signalisation de l'acide rétinoïque tout comme leur action sur la transactivation de la construction (CAGA)$_9$-lux induite par le TGF-β.

3.2.2 La sur-expression d'une forme dominante négative de Smad3 inhibe l'effet des ligands des RARs sur la transactivation Smad3-dépendante de *COL7A1*

Afin de confirmer l'existence de deux actions distinctes des ligands des RARs sur le promoteur de *COL7A1* en absence et en présence de TGF-β, nous avons neutralisé la voie de signalisation du TGF-β par Smad3 en co-transfectant des cultures de cellules WI26 avec un vecteur d'expression pour une forme dominante négative de Smad3 (S3D/N) et la construction -524COL7A1-lux. La sur-expression de S3D/N inhibe non seulement la réponse au TGF-β de -524COL7A1-lux mais également l'activation et la répression de cette réponse engendrées respectivement par le CD3106 (10^{-6} M) et le CD2043 (10^{-7} M) (Figure n°45). On constate néanmoins que le CD3106 et le CD2043 gardent une action propre sur -524COL7A1-lux. Ces résultats suggèrent que les ligands des RARs, le CD3106 et le CD2043, ont deux actions distinctes. Ils agissent sur la transactivation basale de -524COL7A1-lux et modulent la transactivation Smad3-dépendante de cette même construction.

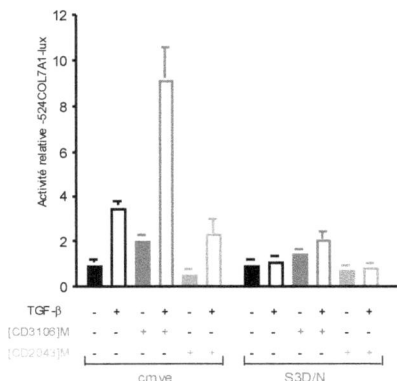

Figure n°45 : L'effet des agonistes et antagonistes des RARs sur la réponse au TGF-β du promoteur de COL7A1 est Smad3-dépendant. Des cultures de cellules WI26 sub-confluentes ont été transfectées avec la construction -524COL7A1-lux en présence ou absence du vecteur d'expression pour une forme dominante négative de Smad3 (S3D/N). Trois heures après la transfection, les cellules ont été traitées au TGF-β (10 ng / ml) pendant 24 heures. L'activité luciférase a été ensuite mesurée.

3.2.3 L'élément de réponse au CD3106 et au CD2043 se situe entre les nucléotides –456 et –396 du promoteur de COL7A1.

L'étape suivante a été de localiser les éléments de réponse au CD3106 et au CD2043 sur le promoteur de COL7A1. Pour cela, nous avons utilisé différentes constructions contenant des délétions en 5' du promoteur de COL7A1, sous-clonées en amont du gène de la luciférase : -456COL7A1-lux, -396COL7A1-lux et -230COL7A1-lux.

3.2.3.1 Localisation de l'élément de réponse au CD3106

Des cultures de cellules WI26 ont été transfectées avec les différentes constructions du promoteur de COL7A1 puis traitées avec l'antagoniste des RARs, le CD3106 (10^{-6}M) pendant 24 heures. La synergie entre le TGF-β et le CD3106

111

disparaît entre les constructions -524COL7A1-lux et -456COL7A1-lux (Figure n°46A). Ce résultat est en adéquation avec les travaux du Dr Vindervoghel, dans lesquels elle montre que le TGF-β1 induit l'accrochage du complexe Smad3/Smad4 sur la séquence SBS, localisée entre les nucléotides -524 et -444 du promoteur de *COL7A1* (300). Ainsi, sur la construction -456COL7A1-lux ne contenant pas l'élément de réponse au TGF-β, seul l'effet propre du CD3106 sur le promoteur de *COL7A1* est visible. Cet effet diminue de 75% entre les constructions -456COL7A1-lux et -396COL7A1-lux. Il est donc probable qu'un élément de réponse au CD3106 soit localisé entre les nucléotides –456 et –396 de *COL7A1*. Lorsqu'on utilise la plus petite construction -230COL7A1-lux, le CD3106 active toujours le promoteur de 100% ce qui suggère l'existence d'autres éléments de réponse au CD3106 entre les nucléotides –230 et +92.

3.2.3.2 Localisation de l'élément de réponse au CD2043

Le même raisonnement a été entrepris avec l'agoniste des RARs, le CD2043 (Figure n°46B). Des cultures de cellules WI26 ont été transfectées avec les différentes constructions du promoteur de *COL7A1* puis traités avec le CD2043 (10^{-7} M) en présence et en absence de TGF-β. L'action de cet agoniste des RARs sur la réponse au TGF-β est évidemment supprimée sur les constructions ne possédant pas l'élément de réponse au TGF-β (-456COL7A1-lux et -396COL7A1-lux). Contrairement aux résultats obtenus avec le CD3106, le CD2043, n'a plus aucun effet sur la construction -396COL7A1-lux. L'élément de réponse au CD2043 semble se localiser entre les nucléotides – 456 et –396, ce qui correspond au premier élément de réponse au CD3106.

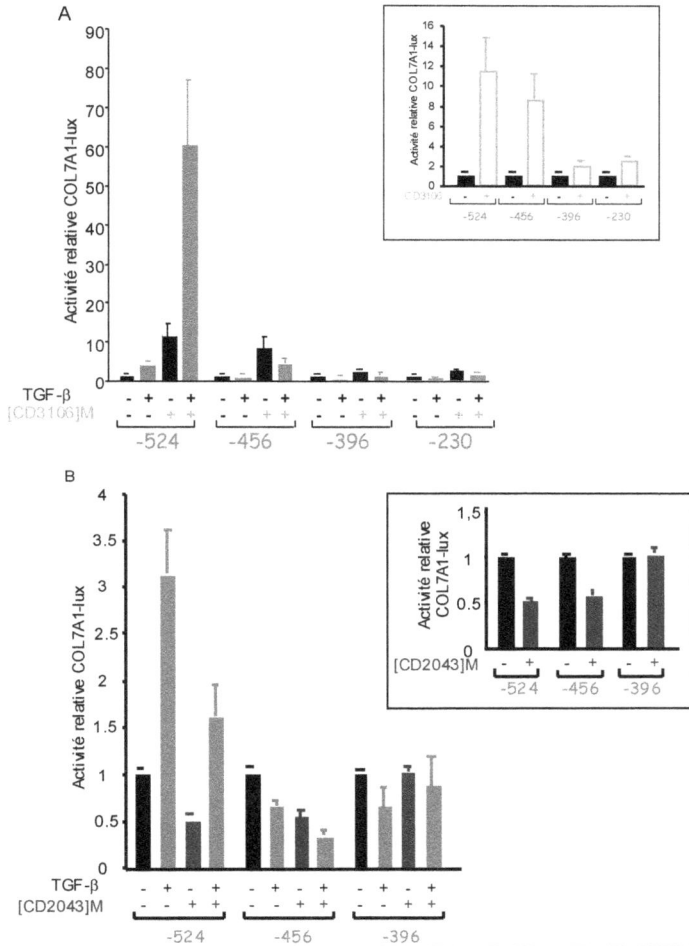

Figure n°46: .**Localisation de l'élément de réponse au CD3106 et au CD2043 sur le promoteur de** ***COL7A1.*** *D*es cultures de cellules WI26 sub-confluentes ont été transfectées avec les différentes constructions du promoteur de *COL7A1*. Trois heures après, les cellules ont été traitées avec du CD3106 (10[-6] M) **(A)** ou avec du CD2043 (10[-7]M) **(B)** en présence ou non de TGF-β (10 ng / ml) pour une durée de 24 heures. L'activité luciférase a été ensuite mesurée

3.2.4 La sur-expression des protéines RARγ et RXRα active le promoteur de *COL7A1* et potentialise l'effet du TGF-β sur ce promoteur

Afin d'examiner l'implication des RARs et/ou des RXRs dans l'action des agonistes et antagonistes des RARs sur l'activité du promoteur de *COL7A1* en présence et en absence de TGF-β, des cultures de cellules WI26 ont été transfectées avec la construction -524COL7A1-lux en présence des vecteurs d'expression pour RARγ et/ou RXRα. La sur-expression de RARγ et de RXRα potentialisent non seulement l'activité de base du promoteur respectivement de 400 et 300 % mais également la réponse au TGF-β de ce promoteur de 200% pour RARγ et de 100 % pour RXRα (la Figure n°47A). Lorsque les deux types de récepteurs sont sur-exprimés, leurs actions sur le promoteur s'additionnent pour atteindre une potentialisation de 800 % sur l'activité de base et 260 % sur la réponse au TGF-β de *COL7A1*. Lorsqu'on sur-exprime Smad3, la sur-expression de RARγ aboutit à la potentialisation de l'effet de Smad3 sur l'activité de -524COL7A1-lux (Figure n°47B).

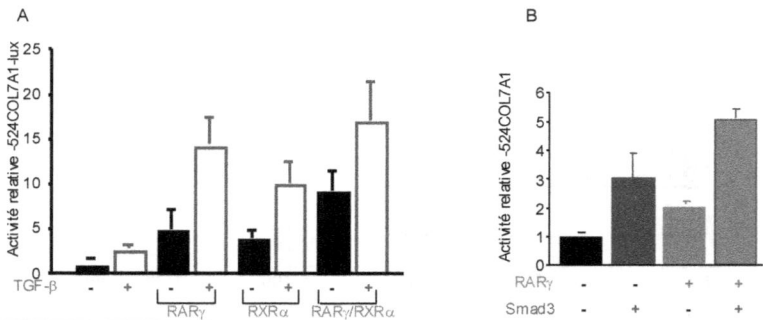

Figure n°47: La surexpression de RARγ augmente l'activité de la construction -524COL7A1-lux. *A,* des cultures de cellules WI26 sub-confluentes ont été transfectées avec -524COL7A1-lux en présence ou absence des vecteur d'expression pour RARγ et RXRα avec (+) ou sans (-) TGF-β (10 ng / ml). Après 24 heures, l'activité luciférase a été mesurée. *B,* des cultures de cellules WI26 sub-confluentes ont été transfectées avec -524COL7A-lux et le vecteur d'expression pour RARγ en présence ou absence du vecteur d'expression pour Smad3. Après 24 heures, l'activité luciférase a été mesurée

Ces données corroborent d'une part nos travaux précédents faisant état de l'action de RARγ sur une transactivation TGF-β-dépendante et d'autre part l'hypothèse selon laquelle les récepteurs de la voie de signalisation de l'acide rétinoïque pourraient être impliqués dans le processus d'action des agonistes et antagonistes des RARs sur *COL7A1*.

3.2.5 Le CD3106 potentialise l'effet de la sur-expression de RARγ sur *COL71A* en présence ou en absence de TGF-β

L'étape suivante de notre étude a été de déterminer si la sur-expression d'un RAR en présence d'un antagoniste des RARs modifiait l'action de ce récepteur ou du ligand sur la transactivation du promoteur de *COL7A1*. Pour cela, nous avons co-transfecté la construction -524COL7A1-lux et le vecteur d'expression pour RARγ puis traité les cellules avec le CD3106 en présence et en absence de TGF-β. Un traitement avec le CD3106 (10^{-6}M) lors d'une sur-expression de RARγ a un effet synergique par rapport à son effet propre sur -524COL7A1-lux (Figure n°48). En effet, la sur-expression de RARγ en présence de CD3106 augmente de + 175% l'effet du CD3106 sur -524COL7A1-lux. Ces données confirment le rôle de RARγ dans la potentialisation d'une transactivation Smad3-dépendante déjà observé lors de notre étude sur la construction artificielle (CAGA)$_9$-lux et soulignent l'importance de ce récepteur dans le mécanisme d'action des ligands et plus particulièrement du CD3106 sur le promoteur du collagène de type VII. Tous ces résultats permettent d'affirmer que l'agoniste des RARs, le CD2043, et l'antagoniste des RARs, le CD3106, ont une action respectivement négative et positive sur -524COL7A1-lux ainsi que sur la transactivation TGF-β-dépendante de cette construction.

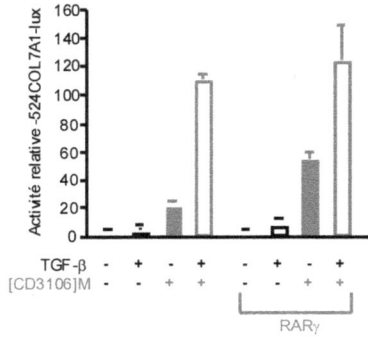

TGF-β   -   +   -   +   -   +   -   +
[CD3106]M -   -   +   +   -   -   +   +

RARγ

Figure n°48: La présence d'un antagoniste des RARs module l'action de RARγ sur la transactivation de la construction -524COL7A1-lux induite par le TGF-β .Des cultures de cellules WI26 sub-confluentes ont été transfectées avec -524COL7A1-lux, en présence ou en absence du vecteur d'expression pour RARγ puis traitées avec le CD3106 (10^{-6}M) en présence ou en absence de TGF-β (10 ng / ml) pendant 24 heures. L'activité luciférase a été ensuite mesurée

3.2.6 Les ligands des RARs modulent l'activité de COL71A endogène en absence et en présence de TGF-β

Afin de compléter cette étude, nous avons évalué les effets du CD3106 et du CD2043 par northern blot et RT-PCR quantitative sur l'expression de *COL7A1* endogène. Le niveau d'expression du collagène de type VII s'étant révélé très faible dans les fibroblastes WI26, nous avons utilisé des cultures de cellules de kératinocytes (HaCaT) pour mesurer le taux d'ARNm de *COL7A1* par Northern Blot. La sensibilité élevée de la technique de RT-PCR, nous a toutefois permis de vérifier nos résultats sur des cultures de fibroblastes WI26. Des cultures de cellules HaCaT ou WI26 ont été traitées avec le CD3106 (10^{-6} M) ou le CD2043 (10^{-7} M) en absence ou en présence de TGF-β pendant 48 heures. La mesure des taux d'ARNms de *COL7A1* indique que le CD2043 inhibe la transcription de *COL7A1* endogène et réprime l'activation de ce gène par le TGF-β. A l'inverse, le CD3106 augmente le taux d'ARNm correspondant à *COL7A1* et potentialise l'effet du TGF-β sur *COL7A1* (Figure n° 49).

A

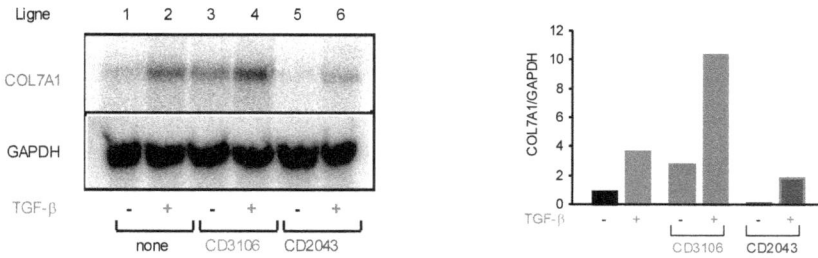

Ces données sur *COL7A1* ont été confirmées en RT-PCR quantitative grâce à l'utilisation de primers et d'une sonde interne spécifiques de *COL7A1* (Figure n°50).

B

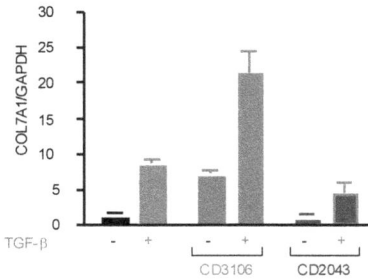

117

3.3 Modulation de la réponse au TGF-β du promoteur de PAI-1 par des ligands des RARs (Résultats Préliminaires)

Nous avons clairement établi une interaction entre la voie de signalisation de l'acide rétinoïque et celle du TGF-β sur le promoteurs du gène du collagène de type VII. Notre troisième approche pour examiner l'interaction possible entre la voie de signalisation de l'acide rétinoïque et celle du TGF-β, a été d'évaluer les conséquences de cette interaction sur un deuxième gène cible du TGF-β : le gène de l'inhibiteur de l'activateur du plasminogène-1 (PAI-1). Cette étude est importante au niveau physiologique car ce gène contrôle l'expression d'une enzyme jouant un rôle clé dans la régulation de l'activité des protéases impliquées dans la dégradation de la matrice extracellulaire. Son promoteur comprend trois sites Smad-spécifiques ainsi que trois sites AP-1, dont le rôle dans la régulation de l'expression de PAI-1 par le TGF-β a été démontré (301 ; 367).

3.3.1 Les ligands des RARs modulent l'effet du TGF-β sur le gène de PAI-1 endogène

Nous avons examiné l'action de l'antagoniste des RARs, le CD3106 (10^{-6}M) et de l'agoniste des RARs, le CD2043 (10^{-7}M), sur le gène *PAI-1* endogène en traitant des cellules HaCaT avec les ligands des RARs en présence et en absence de TGF-β pendant 48 heures. Le CD3106 (10^{-6} M) diminue le taux d'ARNms de *PAI-1* induit par le TGF-β (Figure n°51A) ainsi que l'expression de la protéine également induite par le TGF-β (Figure n°51B). A l'inverse, en présence de TGF-β, le CD2043 semble augmenter le taux d'ARNms de *PAI-1*. Les effets agonistes/antagonistes des RARs demeurent toutefois opposés, ce qui suggère que l'action des ligands des RARs sur PAI-1 soit spécifique de la voie de signalisation des rétinoïdes.

118

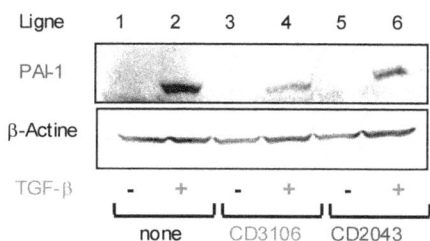

Figure n°51: Des agonistes et antagonistes des RARs modulent la réponse au TGF-β du gène *PAI-1* . *A,* des cultures de cellules HaCaT confluentes ont été traitées avec le CD3106 (10^{-6} M) ou le CD2043 (10^{-7} M) en présence ou en absence de TGF-β (10ng / ml) pendant 48 heures. Après extractions des ARN totaux, le taux d'ARNm de PAI-1 est quantifié par Northern Blot à l'aide d'une sonde spécifique marquée au ^{32}P Une sonde caractéristique des ARNms codant pour la protéine GAPDH a été utilisée comme contrôle de dépôt. **B,** des cultures de cellules HaCaT confluentes ont été traitées avec le CD3106 (10^{-6} M) ou le CD2043 (10^{-7} M) en présence ou en absence de TGF-β (10ng / ml) pendant 48 heures. Après extraction des protéines totales, la protéine PAI-1 a été quantifiée par WB à l'aide d'un anti-corps anti-PAI-1. Un anti-corps anti-actine a été utilisé pour contrôler la quantité de protéines déposée dans chaque puit.

3.3.2 Les ligands des RARs modulent l'activité basale et la transactivation TGF-β-dépendante de la construction p800-lux.

Des cultures de cellules de la lignée HaCaT ont été transfectées de manière stable avec la construction p800-lux. Cette construction correspondant à la séquence –806/+72 du promoteur de PAI-1, contenant les trois boites CAGA et les trois sites AP-1 (301), clonée en amont du gène de la luciférase. Dans la suite du texte, nous appellerons cette lignée stable d'HaCaT : HaCaT-p800-lux.

Des cultures de cellules HaCaT-p800-lux ont été traitées avec des concentrations croissantes des ligands des RARs pendant 24 heures. Le CD2043 inhibe faiblement mais de manière dose-dépendante non seulement l'activité de base du promoteur mais également la transactivation de p800-lux induite par le TGF-β (10 ng /ml). Cette répression est maximale (30%), à la concentration de 10^{-6}M en présence et en absence de TGF-β (Figure n°52A). A l'opposé, le CD3106, active la transactivation de p800-lux et potentialise de manière dose-dépendante la transactivation induite par le TGF-β avec un effet maximal à 10^{-6}M de + 400% sur l'activité basale du promoteur et de + 200% sur la réponse au TGF-β (Figure n°52B).

Lorsque l'agoniste des RARs, le CD2043, et l'antagoniste des RAR, le CD3106, sont ajoutés simultanément à un rapport de 1/10 (10^{-7}M CD2043, 10^{-6}M CD3106), l'action propre du CD3106 est faiblement réprimée (27%) alors que son effet sur la réponse au TGF-β diminue de 50 % (Figure n°52C). La construction p800-lux se comportant comme un promoteur Smad-dépendant en réponse au TGF-β, ces données confirment que les actions de l'agoniste et de l'antagoniste des RARs sur la transactivation du p800-lux induite par le TGF-β implique la voie de signalisation de l'acide rétinoïque comme nous l'avons déjà démontré pour (CAGA)$_9$-lux et -524COL7A1-lux. Toutefois, ces résultats obtenus en utilisant la construction p800-lux sont totalement opposés à ceux obtenus sur le gène de PAI-1 endogène, ce qui suggère que cette construction artificielle ne sont pas adaptée à l'étude de l'action de l'ARtt sur le promoteur de *PAI-1*. Le promoteur de *PAI-1* endogène contient probablement des séquences nucléotidiques régulées par les rétinoïdes en dehors de la région couverte dans p800-lux, ce qui module les effets des ligands des RARs sur la réponse au TGF-β de *PAI-1*.

A

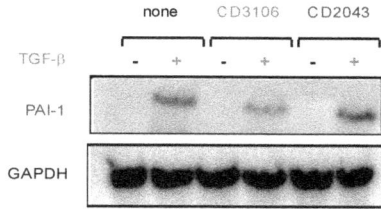

B

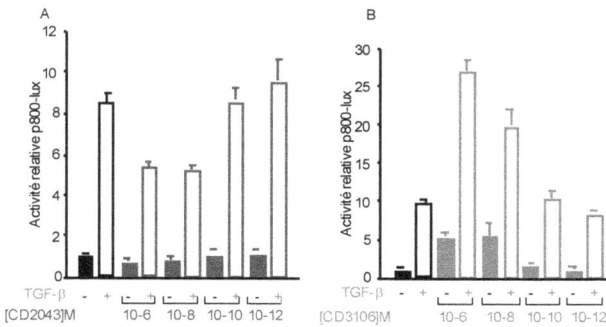

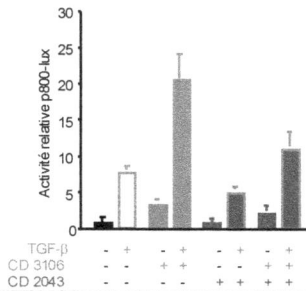

Figure n°52: Des agonistes et antagonistes des RARs modulent la transactivation de la construction p800-lux induite par le TGF-β. *A,* des cultures de cellules Hacat-p800-lux ont été traitées avec un agoniste des RARs, le CD2043 à des concentrations croissantes sans (-) ou avec (+) du TGF-β (10 ng / ml). Après 24 heures l'activité du gène rapporteur a été mesurée. *B,* Le même protôcole que précédemment a été suivi, excepté le traitement des cellules qui a été effectué avec un antagoniste des RARs, le CD3106 au lieu de l'agoniste. *C,* Des cultures de cellules Hacat-p800-lux ont été traitées pendant 24 heures avec le CD2043 (10^{-7} M) en présence ou en absence de CD3106 (10^{-6} M) sans (-) ou avec (+) du TGF-β (10 ng / ml). L'activité luciférase a été ensuite mesurée.

121

4 Discussion

4.1 D'un point de vue moléculaire

4.1.1 Les RARs, co-activateurs de la voie de signalisation du TGF-β?

Les travaux décrits dans ce mémoire montrent la potentialisation d'une transactivation TGF-β-dépendante par un antagoniste des RARs (Figures n°33B et 44B) et une répression par un agoniste (Figures n°33A et 44A). Ces effets impliquent une interaction entre les récepteurs RARs et plus particulièrement RARγ et le facteur de transcription Smad3 (Figure n° 36). Nos travaux se sont essentiellement portés sur RARγ pour deux raisons. Premièrement, RARγ est le récepteur de l'acide rétinoïque le plus exprimé au niveau de la peau, il représente 87% des RARs présents (381; 382). Deuxièmement, RARγ est l'isoforme la plus active sur la voie de signalisation du TGF-β (Figure n°33).

L'activité transcriptionnelle des récepteurs nucléaires est dépendante de leur association avec leur ligand naturel ou avec un agoniste de synthèse. La découverte de protéines associées aux récepteurs nucléaires (co-activateurs et co-répresseurs) permet de mieux comprendre comment la fixation à l'ADN du récepteur lié ou non à son ligand influence la transcription de gènes cibles. Les études cristallographiques du « Ligand Binding Domain » (LBD) de tous les récepteurs nucléaires (RAR, RXR, ER, PPAR, VDR, TR et PR) ont révélé une structure hélicoïdale commune appelée "helical sandwich fold" ou AF2 AD core (383). Lors de la liaison d'un ligand au récepteur, ce domaine subit des changements structuraux essentiels pour l'activité transcriptionnelle des récepteurs nucléaires (384 ; 385). En effets ces changements influencent la capacité du récepteur à interagir ou non avec les co-activateurs (386), les co-répresseurs (387) ou certains partenaires tels que RXRs pour les RARs (81; 388). Au niveau de l'« AF2 AD core », c'est plus précisément la position de l'hélice

H12 qui traduit l'état activé ou non du récepteur. En effet, la fixation du ligand induit des modifications structurales conduisant à la fermeture du site de liaison par l'hélice H12 et à la stabilisation du complexe ligand-récepteur. De plus, de nombreuses études ont démontré que ce changement de conformation permettait une interaction avec les co-activateurs (SRC-1 ou CBP/p300) au niveau du domaine de transactivation AF2 (389). Cette interaction engendre alors la transcription des gènes ARtt-dépendants. La liaison d'un agoniste des RARs ou d'un antagoniste des RARs conduit à deux conformations très distinctes du LBD (81; 390). Cette différence de conformation du récepteur pourrait expliquer les effets opposés du CD2043 et du CD3106 sur l'action transcriptionnelle de RARγ (Figures n°36 et 48) ainsi que sur l'interaction physique entre les protéines RARγ et Smad3 que nous avons mis en évidence dans nos travaux (Figure n°38).

Figure n°53 : Conformations distinctes adoptées par l'hélice H12 d'un RXRα, (81)

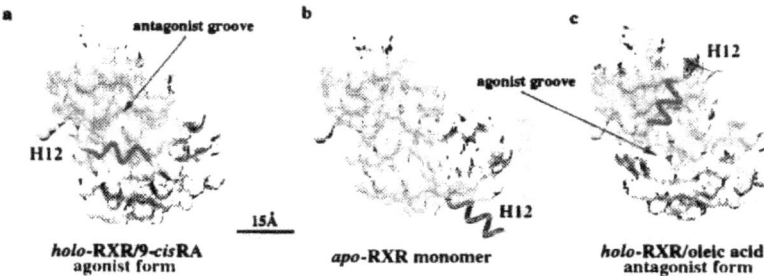

a : Structure christallographique du LBD d'un holo-RXRα lié à son ligand naturel, le 9-cisAR. L'hélice H12 est dans une conformation dite « agoniste ». b : Structure christallographique du LBD d'un apo-RXRα. L'hélice H12 est dans une conformation dite « étendue ». c : Structure christallographique du LBD d'un holo-RXRα lié à l'acide oléique. L'hélice H12 est dans une conformation dite « antagoniste ».

A l'état inactif, en absence de ligand, RARγ est capable de s'associer à Smad3. La conformation dite « étendue » de l'hélice H12, représentée pour l'apo-RXR par Egea et al. (81) (Figure n°53), semble donc propice à l'interaction RAR/Smad. En présence de l'agoniste CD2043, l'hélice H12 adopte certainement la conformation dite « agoniste » spécifique de la fixation du ligand naturel à son récepteur (Figure n°53). A l'opposé, la fixation de l'antagoniste CD3106 engendre une conformation dite « antagoniste » de l'hélice H12 (Figure n°53). L'hypothèse serait la suivante : la liaison du CD3106 engendre soit un changement de conformation du LBD et plus précisément de l'hélice H12, soit une stabilisation de la conformation inactive du récepteur, ce qui favoriserait l'interaction RAR/Smad3. A l'opposé, le CD2043 en se fixant sur les RARs induit un changement conformationnel de l'hélice H12, lequel permet la création d'une interface récepteur/co-activateurs favorable à la transactivation d'un gène rétinoïdes-dépendant. Cependant ce changement doit altérer l'accessibilité du site de liaison à Smad3.

Ces résultats sont originaux puisque pour la première fois, c'est la liaison d'un antagoniste sur son récepteur nucléaire qui va augmenter l'activité transcriptionnelle de ce même récepteur sur la voie de signalisation du TGF-β. Dans la littérature, l'étude de la voie de signalisation de l'acide rétinoïque décrit deux possibilités d'action du RAR. En effet, la liaison de l'ARtt sur un hétérodimère RAR/RXR engendre, soit l'expression de gènes ARtt- dépendants, soit la répression de l'activité de ces gènes. Dans le premier cas, la fixation d'un hétérodimère RAR/RXR libre ou lié à un antagoniste des RARs sur RARE ne génère pas la transactivation du promoteur. En aucune circonstance, la présence d'un antagoniste permet une transactivation de gènes ARtt-dépendants. Dans nos travaux, les antagonistes des RARs potentialisent la réponse transcriptionnelle spécifique des protéines Smad3 et Smad4 en aval du TGF-β. Il semblerait que dans ce cas, le CD3106 agisse comme un activateur pour l'interaction Smad3/RARγ et le CD2043 comme un inhibiteur. Cette hypothèse est confirmée par une étude de Cao Z. et *al.* en 2002 (391) qui montre que l'ARtt a un effet inhibiteur sur l'action du TGF-β dans des cellules HL-60. HL-60 est une lignée cellulaire promyélocytaires dont la différenciation en monocytes peut être stimulée par le TGF-β1 alors que l'addition d'acide rétinoïque engendre leur différenciation en granulocytes. Dans cet article, les auteurs Cao Z. et *al.* montrent que l'ARtt réduit la phosphorylation de Smad2/3 induite par le TGF-β en activant des sérine/thréonine phosphatases. Cette diminution du niveau de Smad2/3 phosphorylés engendre alors une répression de la translocation nucléaire des complexes R-Smad/Co-Smad et une réduction de la différenciation des HL-60 en monocytes. Cet article souligne également l'implication de RARα dans le mécanisme d'action de l'ARtt (391). Ces données renforcent d'une part, nos résultats sur l'effet répresseur de l'ARtt et du CD2043 sur la voie de signalisation du TGF-β (Figures n°32 et 43), et d'autre part, l'implication des RARs (Figures n°33, 36 et 37) dans l'interaction entre la voie de signalisation de l'ARtt et de celle du TGF-β. Toutefois, dans nos conditions expérimentales, l'effet de l'ARtt, du CD2043 ou du CD3106 ne semble pas être lié à une action sur la translocation du complexe Smad3/4 (Figure n°35). Il faudrait néanmoins vérifier que le CD2043 et le CD3106 n'agissent pas sur la phosphorylation de Smad3.

Après avoir mis en évidence l'interaction entre le récepteur RARγ et Smad3, nous avons identifié les domaines d'interaction entre les deux protéines comme étant le domaine MH2 pour Smad3 et les régions EF pour RARγ (Figures n°37 et 39). Ces données sont en adéquation avec le rôle connu du domaine MH2 de Smad3 dans les interactions protéine-protéine telles que celles impliquant les autres Smads, le TβRI activé, les protéines Fast ou Jun (321; 340 ; 392). En ce qui concerne les interactions Smads/récepteurs nucléaires, il n'existe pas de modèle pré-défini, le domaine du Smad impliqué diffère selon les voies de signalisation étudiées. Le récepteur aux glucocorticoïdes, par exemple, interagit avec Smad3 au niveau de MH2 (322) alors que le récepteur à la vitamine D interagit avec le domaine MH1 de Smad3 (303). Nous avons montré que la séquence protéique de RARγ impliquée dans l'interaction avec Smad3 se situe au niveau des régions EF du récepteur (Figure n°39). Alors que le rôle de la région F n'est pas correctement défini, la région E représente le domaine de liaison du ligand (LBD). En effet, il contient la fonction de transactivation AF-2 (58). L'identification plus précise du domaine d'interaction de RARγ avec Smad3 nécessiterait d'autres constructions notamment une construction constituée uniquement de la région E avec ou sans mutation au niveau de la fonction AF2. Cette dernière étant dépendante du ligand, son implication expliquerait l'influence du ligand sur l'interaction transcriptionnelle et physique RARγ/Smad3 et confirmerait l'importance de la conformation du récepteur dans cette interaction.

L'interaction « physique » RARγ/Smad3 a été établie par immunoprécipitation (Figures n°37 et 38). Cette technique ne permet pas d'affirmer que cette interaction est directe comme celle observé entre Smad3 et le récepteur aux androgènes (324) ou « indirecte » comme l'interaction VDR/Smad3 stabilisée par le co-activateur SRC-1 (303). Dans l'optique d'une interaction indirecte, nous avons étudié l'implication éventuelle du co-activateur p300 dans l'interaction RARγ/Smad3. Les co-activateurs sont définis comme des protéines qui interagissent avec les récepteurs nucléaires liés à l'ADN et augmentent leur fonction d'activation transcriptionnelle. Les protéines nucléaires p300 et son homologue CBP sont essentielles pour l'activation de la transcription engendrée par de multiples facteurs de transcription notamment les Smads (305 ; 386 ; 393). Ce sont des co-activateurs qui favorisent le recrutement de la machinerie transcriptionnelle. Ces deux protéines possèdent non seulement une activité histone acétyltransférase intrinsèque mais elles interagissent également avec d'autres histones acétyltransférases comme p/CAF (394). Nos travaux infirment l'hypothèse d'une implication de la protéine p300 dans le mécanisme d'action de l'antagoniste des RARs (Figure n°40). Ce résultat n'est pas surprenant puisqu'en théorie un récepteur ne peut pas se lier à un co-activateur en absence de ligand. En effet, comme nous l'avons discuté précédemment, la liaison de l'agoniste à son récepteur permet l'apparition d'une interface récepteur/co-activateurs. Selon ce mécanisme propre aux récepteurs nucléaires, une étude de Yanagisawa et *al.* montre que la stabilisation du complexe Smad3/VDR par le co-activateur SRC-1 n'est possible que si le récepteur VDR est lié à son ligand. De plus, l'interaction physique entre Smad3/VDR a été mise en évidence en présence de la vitamine D. Le VDR, ainsi activé, peut lier SRC-1 (303). Dans nos expériences, l'antagoniste favorise la formation du complexe RARγ/Smad3, ce qui étaye l'hypothèse d'une action directe du RARγ inactif comme co-activateur de la voie de Smad3. Il agirait via sa fonction AF-2.

La spécificité de l'interaction entre les protéines RARγ et Smad3 a été étudié d'une part en évaluant l'effet du RAR sur une transactivation Smad2-dépendante, et d'autre part en analysant l'action du TGF-β sur une transactivation induite par l'ARtt. Nous avons montré que cette interaction était spécifique à la voie de signalisation du TGF-β impliquant Smad3 puisque RARγ n'agit pas sur une transactivation Smad2-dépendante (Figure n°42). Toutefois, les domaines MH2 de Smad2 et de Smad3 présentant 90 à 92% d'homologie, il serait intéressant de confirmer l'absence d'interaction physique entre RARγ et Smad2 en IP. Si on se réfère aux études récentes sur les interactions entre les récepteurs nucléaires et le TGF-β, il n'existe pas de schéma général bien que ces récepteurs soient tous issus de la même superfamille. A titre d'exemples, ER interagit fortement avec Smad3 et Smad4 et faiblement avec Smad2 (325) alors que le récepteur PPARγ, interagit avec Smad3 mais pas avec Smad4. Par ailleurs, le récepteur AR' s'associe uniquement avec Smad3 (324). La grande spécificité de l'interaction entre RARγ et Smad3 est également mise en relief par l'absence de modulation de la voie de l'ARtt par le TGF-β (Figure n°41). Ces données sont similaires à celles obtenues avec le récepteur aux glucocorticoïdes par Song CZ. et *al*. En effet, ce dernier agit sur la voie des Smads alors que la cytokine n'a aucun effet sur la signalisation de ce récepteur (322). D'autres interactions récepteurs nucléaires/Smads sont effectrices tant sur la voie du TGF-β que sur celle de l'hormone étudiée. C'est le cas pour l'interaction ER/Smad. Le récepteur aux oestrogènes inhibe la voie de signalisation du TGF-β par Smad3 tandis que TGF-β potentialise la transactivation ER-dépendante (325).

Nous avons également étudié le rôle de RXR, partenaire indispensable des RARs lors de la signalisation de l'ARtt. Lors de l'activation de la voie de signalisation de l'acide rétinoïque, c'est le dimère RAR-RXR qui se lie à RARE, élément de réponse de l'ARtt. Nous avons choisi d'étudier l'effet de l'isoforme RXRα car elle représente 90% des protéines RXRs exprimées dans la peau adulte humaine. L'hétérodimère RXRα/RARγ est considéré comme le complexe potentiellement actif au niveau de la peau (381 ; 382). Tout comme les RARs, RXRα est capable de potentialiser une transactivation Smad3-dépendante (Figures n°43A, B et C). Toutefois, la sur-expression de RARγ et RXRα n'engendre pas d'effet synergique, ce qui suggère que la dimérisation des récepteurs n'est pas impliquée dans l'effet activateur des RARs (Figure n°43D). De plus, une publication récente, montre que la liaison du CD3106 sur le RAR empêche la dimérisation des récepteurs RAR-RXR (388). Il faudrait néanmoins vérifier cette hypothèse sur des cellules déficientes en RXR afin d'exclure toute participation des RXRs endogènes à l'action de RARγ sur une transactivation TGF-β-dépendante.

L'interaction entre ces deux voies de signalisation a été étudiée et confirmée sur deux promoteurs Smad3-dépendant : la construction artificielle (CAGA)$_9$-lux (cf 3.1) et le promoteur du collagène de type VII (cf 3.2). De plus, l'antagoniste des RARs potentialise l'expression de *COL7A1* endogène induite par le TGF-β et l'agoniste des RARs la réprime (Figure n° 49). Ces derniers résultats obtenus sur *COL7A1* endogène suggèrent que cette interaction peut intervenir *in vivo*.

4.1.2 Les rétinoïdes régulent les gènes du collagène de type VII et de PAI-1

Lors de l'étude de l'expression de *COL7A1* nous nous sommes confrontés à la découverte d'une action propre des ligands des RARs sur ce promoteur. En effet, l'agoniste des RARs réprime et l'antagoniste active la transactivation de la construction -524COL7A1-lux et la transcription de *COL7A1* endogène (Figure n°44

128

et 49). Ces résultats sont en adéquation avec une publication de Chen et *al.* en 1997 (395) qui montre, en utilisant les techniques de Northern blot et Western blot, l'effet inhibiteur de l'ARtt sur le gène du collagène de type VII dans des fibroblastes dermiques humains. Nous avons voulu approfondir l'étude de l'action propre des rétinoïdes de synthèse sur l'expression de *COL7A1* en localisant un éventuel élément de réponse sur le promoteur de ce gène. Dans la littérature, aucun élément de réponse RARE n'a été identifié sur le promoteur de *COL7A1*. Le mécanisme d'action des rétinoïdes sur l'expression de *COL7A1* pourrait donc impliquer soit directement la voie de signalisation de l'ARtt, soit une autre voie telle que celle des JNKs. Les éléments de réponse respectifs au CD2043 et au CD3106 semblent se localiser tout deux entre les nucléotides –456/-396 (Figures n° 46) mais nous ne pouvons pas affirmer que ces éléments de réponses soient identiques et régis par les RARs endogènes. Toutefois, l'implication de ces récepteurs dans le mécanisme d'action de leurs ligands est est probable puisque la sur-expression de RARγ en présence de l'antagoniste des RARs à un effet synergique, par rapport à l'action seule de cet antagoniste, sur la transactivation de la construction -524COL7A1-lux (Figure n°48). Par ailleurs, l'action transactivatrice de la sur-expression de RARγ sur ce promoteur (Figure n°47) semble être négligeable devant l'effet de l'antagoniste des RARs (Figure n°48). Ce phénomène pourrait être la conséquence de l'interaction du récepteur avec le Smad3 endogène présent.

Parallèlement, l'étude de l'interaction entre les voies de signalisation du TGF-β et de l'ARtt sur le promoteur de *PAI-1*, a mis en évidence d'une part un effet propre des ligands des RARs sur ce promoteur et d'autre part des résultats opposés entre les résultats obtenus avec la lignée stable HaCaT-p800-lux et les quantifications d'ARNms du gène *PAI-1* (Figures n°50 et 51). En effet l'agoniste réprime la transactivation de p800-lux induite par le TGF-β alors que l'antagoniste des RARs la potentialise. A l'inverse, en Nortern Blot, l'agoniste des RARs augmente l'effet du TGF-β sur PAI-1 et l'antagoniste le réprime. Ces données contradictoires peuvent s'expliquer par l'utilisation de la construction artificielle p800-lux. Elle se compose des 878 nucléotides indispensables à l'action du TGF-β, sur les plus de 3000 nucléotides qui constituent le promoteur de *PAI-1* (301). En effet, alors que nos résultats obtenus sur la construction p800-lux montrent une diminution de l'activité de base de ce promoteur par l'agoniste des RARs et une activation par l'antagoniste, deux publications récentes de Watanabe A. *et al.* (365 ; 396) démontrent que l'ARtt augmente de manière dose-dépendante le taux d'ARNms de *PAI-1* dès 2 heures de traitement. Il semblerait que ces divergences de résultats obtenus sur le promoteur de *PAI-1* proviennent de l'utilisation d'une construction non adaptée. Il est probable que des éléments de réponse sensibles aux rétinoïdes n'est pas présent dans la région couverte par les 800 pb contenues dans la construction p800-lux. Il serait alors judicieux de répéter les mêmes expériences sur la construction contenant le fragment de 3.4 Kb du promoteur de *PAI-1* utilisé par Wanatabé et *al.* afin de vérifier l'impact réel des rétinoïdes sur *PAI-1* et l'influence des ligands des RARs sur une transactivation Smad-dépendante de ce gène.

L'ensemble de ces données suggère néanmoins que l'interaction entre les récepteurs RARs et la protéine Smad3 peut intervenir dans de nombreux processus biologiques.

4.2 D'un point de vue physiologique

A chaque nouveau mécanisme ou interaction moléculaire mis en évidence *in vitro*, il est essentiel d'évaluer son implication *in vivo,* en analysant particulièrement l'intérêt physiologique d'une telle découverte.

4.2.1 Les RARs favoriseraient la cicatrisation via leur effet sur la voie de signalisation TGF-β?

Le processus de cicatrisation est constitué de trois étapes : une phase inflammatoire, une phase de prolifération cellulaire et une phase de restructuration tissulaire. L'inflammation permet le recrutement de différents types cellulaires nécessaires à la réparation tissulaire comme les leucocytes. Lors de la phase de prolifération cellulaire, il y a formation d'un tissu de granulation composé d'une matrice extracellulaire de collagènes, de fibronectine et de glycosaminoglycanes. Ce tissu de granulation inclut également des fibroblastes, des cellules inflammatoires et des capillaires sanguins. Au cours de la phase de restructuration cellulaire, on assiste à une réorganisation de la matrice extracellulaire, plus particulièrement du réseau des collagènes (397).

Dans un contexte pharmacologique, les antagonistes des RARs pourraient être intéressants dans des pathologies impliquant une déficience en TGF-β ou une altération de la voie de signalisation du TGF-β. Comme nous l'avons décrit précédemment (cf. ch 2.2.5), le TGF-β1 est un important facteur du remodelage tissulaire du fait de ses capacités à stimuler la production de matrice extracellulaire (398). Il joue également un rôle dans le recrutement des cellules conjonctives et leur prolifération, ainsi que dans l'angiogénèse. L'accélération de la cicatrisation par le TGF-β a également été démontrée dans des modèles animaux où le mécanisme de cicatrisation est altéré par des expositions aux radiations, à des agents anti-prolifératifs ou par un traitement aux glucocorticoïdes (182). Ces multiples effets font du TGF-β1 un agent physiologique clé à la fois pour l'initiation et pour la terminaison des processus de réparation tissulaire (177). Cependant les mécanismes induits par le TGF-β responsable de cette cicatrisation plus rapide sont encore mal compris. En effet, l'étude de l'implication des médiateurs de la voie de signalisation de TGF-β1 par les Smads dans la réparation tissulaire montre des résultats bien surprenants. Ainsi, bien que le TGF-β1 soit identifié comme un puissant stimulant de la cicatrisation dermique (399), les souris déficientes en Smad3, paradoxalement, cicatrisent plus rapidement que les souris sauvages, du fait d'une augmentation de la ré-épithélisation, et d'une réduction de l'infiltrat de monocytes. Toutefois, l'addition de TGF-β exogène sur des souris s$mad3^{-/-}$ restaure un dépôt de MEC, initialement réduite, en contrôlant l'expression des gènes codant pour des protéines de la MEC dans les fibroblastes (400).

Les rétinoïdes sont connus pour agir sur la cicatrisation via leurs actions sur l'angiogénèse et l'épithélisation. La vitamine A maintient un épiderme normal en favorisant la desquamation par la diminution de production de kératine, de granules de kératohyaline et de desmosomes. Elle décroît ainsi la cohésion cellulaire. *In vivo*, l'application topique d'ARtt engendre une accélération de la ré-épithélisation lors de blessure cutanée chez l'humain. De plus, l'utilisation topique de certains rétinoïdes augmente la synthèse de collagènes à travers l'inhibition des gènes codant pour des métalloprotéïnases ou par induction d'inhibiteurs de ces métalloprotéïnases. Paradoxalement, l'utilisation orale de l'ARtt peut retarder la ré-épithélisation en favorisant la formation d'un tissu de granulation excessif (401). Nos travaux suggèrent que les antagonistes des RARs peuvent également améliorer la cicatrisation par leur action activatrice sur la voie de signalisation du TGF-β. Pour conclure, bien que les antagonistes des RARs risquent d'avoir une action négative sur la ré-épithélisation, il serait intéressant de tester l'effet des agonistes et antagonistes des RARs en combinaison avec le TGF-β sur la cicatrisation de souris sauvages, Smad3$^{-/-}$ ou d'animaux dont le processus de cicatrisation a été altéré.

4.2.2 L'ARtt, un nouveau traitement contre la fibrose ou la cicatrisation anormale?

De nombreuses études montrent qu'une production locale continue de TGF-β peut conduire au développement de fibroses tissulaires et de cicatrisations anormales (402; 403). En effet, même si certaines études ont montré qu'une application locale de TGF-β1 accélère la cicatrisation des blessures cutanées, un excès de TGF-β1 engendre la formation d'un tissu cicatriciel anormal pouvant entraîner aussi bien des handicaps fonctionnels que des conséquences inesthétiques (404). Conjointement, le TGF-β1 est impliqué dans d'autres pathologies résultant d'un dysfonctionnement de la régulation de la production des composants de la matrice extracellulaire (MEC), notamment les fibroses. Celles-ci se caractérisent par une accumulation des composants de la MEC, et en particulier des collagènes. Les patients atteints de sclérodermie, par exemple, montrent une accumulation anormale de multiples composants de la MEC dont majoritairement les collagènes de type I, III, V et VII ainsi que de nombreux protéoglycanes. Il est aujourd'hui admis que ce dépôt excessif de collagènes est le résultat d'activations transcriptionnelles des gènes de collagènes sous l'influence de TGF-β (405 ; 406). L'action du TGF-β1 sur la MEC et le système immunitaire ainsi que sa production par les cellules mononucléaires font de cette cytokine la protéine clé du mécanisme responsable de l'apparition de fibroses (407).

Parallèlement, l'effet d'autres facteurs sur la régulation de l'expression des composants de la MEC comme le "connective tissue growth factor" (CTGF) dont l'expression est contrôlé par le TGF-β1 de manière Smad-dépendante, ou de cytokines pro-inflammatoires comme l'interleukine 1, sécrétée par les cellules mononucléaires, s'associent à ceux du TGF-β1 pour induire le développement de fibroses (408 ; 409).

Dans notre étude, non seulement le CD2043 inhibe la transactivation Smad3-dépendante du gène de collagène de type VII mais il réprime également l'activité basale de ce promoteur. Ce composé pourrait cibler d'une part l'effet du TGF-β sur les collagènes et en particulier le collagène de type VII et d'autre part réduire directement la synthèse de ce collagène. De plus, d'autres gènes cibles du TGF-β comme celui du collagène de type I ou du CTGF pourrait également être modulé par l'ARtt et/ou son agoniste. L'action répressive de l'ARtt ou de son agoniste sur l'effet du TGF-β pourrait alors être testée *in vivo* dans un contexte de cicatrisation expérimentale ou de fibrose tissulaire dans le but plus lointain d'une utilisation thérapeutique humaine. Il faudra également vérifier *in vivo* que les agonistes des RARs ne favorisent pas l'accumulation de collagènes en inhibant les MMPs et/ou en induisant l'expression de leurs inhibiteurs comme c'est le cas pour l'isotrétinoine (isoforme de l'ARtt) (401).

La mise en évidence de l'interaction entre les protéines RARs et Smad3 permet d'envisager de nouvelles stratégies de traitement pour de nombreuses pathologies. Toutefois, l'action propre de chaque voie de signalisation sur ces pathologies rend très complexe toutes projections de nos travaux dans un contexte physiologique. Seule une étude *in vivo* permettrait de déterminer l'influence d'une interaction entre les voies de l'ARtt et le TGF-β au niveau physiologique et physiopathologique.

5 Bibliographie

1 **Pfahl M., and Chytil F.** (1996). Regulation of metabolism by retinoic acid and its nuclear receptors. *Annu Rev Nutr* 16: 257-283.

2 **Sporn M., Dunlop N., Newton D., et Smith J.** (1976). Prevention of chemical carcinogenesis by vitamin A and its synthetic analogs (retinoids). *Federation Proc* 35: 1332-8.

3 **Tickle C.** (1983). Positional signalling by retinoic acid in the developing chick wing. *Prog Clin Biol Res* 110pt :89-98.

4 **DeLucas LM.** (1991). Retinoids and their receptors in differentiation, embryogenesis and neoplasia. *FASEB J* 5: 2924-33.

5 **Nagy L., Thomazy VA., Heyman RA. et Davies PJ.** (1998). Retinoid-induced apoptosis in normal and neoplastic tissues. *Cell Death and Différentiation* 5: 11-19.

6 **Sun S-Y. et Lotan R.** (2002). Retinoids and their receptors in cancer development and chemoprevention *Critical Reviews in Oncology/Hematology* 41: 41-55.

7 **Lotan R.** (1996). Retinoids in cancer chemoprevention. *FASEB J* 10: 1031-9.

8 **Warrell RP Jr.** (1997). Clinical and molecular aspects of retinoid therapy for acute promyelocytic leukemia. *Int J Cancer* 70 (4): 496-7

9 **Nagpal S. et Chandraratna RA.** (2000). Recent developments in receptor-selective retinoids. *Curr Pharm* 6 (9): 919-931.

10 **Blomhoff R., Green MH., Berg T. et Norum KR.** (1999). Transport and storage of vitamine A. *Science* 250 : 399-404

11 **Napoli JL.** (2000) Retinoic Acid : its Biosynthesis and Metabolism. *Prog Nuc Acid Research Mol Biol* 63: 139-188

12 **Bashor MM. et Chytil F.** Cellular retinol-binding protein. *Biochim Biophys Acta* 411 : 87-96.

13 **Levin MS., Li W., Ong DE. et Gordon JI.** (1987). Comparison of the tissus-specific expression and developmental regulation of two closely linked rodent genes encoding cytosolic retinol-binding protein. *J Biol Chem* 262: 7118-7124.

14 **Herr F. et Ong DE.** (1992). Differential interaction of lecithine retinol acyltransferase with cellular retinoid-binding proteins. *Biochemistry* 31: 6748-55.

15 **Fisher GJ., Reddy AP., Datta SC., Kang S., Yi JY., Chambon P. et Voorhees JJ.** (1995). All trans retinoic acid and all trans retinol induce cellular retinoid-binding protein in human skin in vivo. *J Invest Dermatol* 105: 80-86.

16 **Smith WC., Nakshatri H., Leroy P., Rees J. et Chambon P.** (1991). A retinoic acid response element is present in the mouse cellular retinol binding protein I (mCRBPI) promoter. *Embo J* 10 : 2223-2230.

17 **Man gelsdorf DJ., Umesono K., Kliewer SA., Borgmeyer U., Ong ES., et Evans RM.** (1991). A direct repeat in the cellular retinol-binding protein type II gene confers differential regulation by RXR and RAR. *Cell* 66 (3) : 555-561.

18 **Horton C. et Maden M.** (1995). Endogenous distribution of retinoids during normal development and teratogenesis in the mouse embryo. *Dev Dyn* 202 (3): 312-323.

19 **Duester G.** (2000). Families of retinoid dehydrogenases regulating vitamin A function : production of visual pigment and retinoic acid. *Eur J Biochem.* 267: 4315-4324.

20 **Crosas B., Cederlund E., Torres D., Jörnvall H., Farrés J. et Parés X.** (2001). A vertebrate aldo-keto reductase active with retinoids and ethanol. *J Biol Chem* 276: 19132-19140.

21 **Yamamoto H., Simon A., Eriksson U., Harris E., Berson E. et Dryja TP.** (1999). Mutations in the gene encoding 11-cis retinol deshydrogenase cause delayed dark adaptation and fundus albipunctatus. *Nat Genet* 22: 188-191.

22 **Perlmann T.** (2002). Rétinoid metabolism: a balancing act. *Nat Gen* 31:7-8.

23 **Chen H., Howald WN. et Juchau MR.** (2000). Biosynthesis of all-trans-retinoic acid from all-trans-retinol: catalysis of all-trans-retinol oxidation by human P-450 cytochromes. *Drug Metab Dispos* 28: 315-322.

24 **Zhang QY., Dunbar YD. et Kaminsky L.** (2000). Human cytochrome P-450 metabolism of retinals to retinoic acids. *Drug Metab Dispos* 28: 292-297.

25 **Lehman ED., Spivey HO., Thayer RH. et Nelson EC.** (1972). The binding of retinoic acid to serum albumin in plasma. *Fed Proc* 31: A672.

26 **Kojima R., Fujimori T., Kiyota N., Fuduka T., Ohashi T., Sato T., Yoshizawa Y., Takeyama K., Mano H., Masushige S. et Kato S.** (1994). In vivo isomerization of retinoic acids. Rapid isomer exchange and gene expression. *J Biol Chem* 269: (51): 32700-32707.

27 **Labrecque J., Dumas F., Lacroix A., et Bhat PV.** (1995). A novel isoenzyme of aldehyde dehydrogenase specifically involved in the biosynthesis of 9-cis and all-trans retinoic acid. *Biochem J* 305: 681-684.

28 **Heyman RA., Mangelsdorf DJ., Dyck JA., Stein RB., Eichele G., Evans R. et Thaller C.** (1992) 9-cis retinoic acid is a high affinity ligand for the retinoid X receptor. *Cell* 68: 397-406.

29 **Levin AA., Sturzenbecker LJ., Kamer S., Bosakowski T., Husenton C., Allenby G., Speck J., Kratzeisen C., Rosenberger M., Lovey A. et Grippo JF.** (1992). 9-cis retinoic acid stereoisomer binds and activates the nuclear receptor RXRα. *Nature* 355: 359-361.

30 **Tang GW. et Russell RM.** (1990). 13-cis-retinoic acid is an endogenous compound in human serum. *J Lipid Res* 31 (2): 175-82.

31 **Pijnappel WW., Hendriks HF., Folkers GE., van den Brink CE., Dekker EJ., Edelenbosch C., van der Saag PT. et Durston AJ.** (1993). The retinoid ligand 4-oxo-retinoic acid is a highly active modulator of positional specification. *Nature* 366: 340-4.

32 **Sonneveld E., van den Brink CE., Tertoolen LG., van der Burg B. et van der Saag PT.** (1999). Retinoic acid hydroxylase (CYP26) i a key enzyme in neuronal differentiation of embryonal carcinoma cells. *Dev Biol*: 213 (2): 390-404.

33 **Giguere V., Lyn S., Yip P., Siu CH. et Amin S.**(1990). Molecular cloning of cDNA encoding a second cellular retinoic acid-binding protein. *Proc Natl Acad Sci U S A*. 87(16): 6233-7.

34 **Eller MS., Oleksiak MF., McQuaid TJ., McAfee SG. et Gilchrest BA.** (1992). The molecular cloning and expression of two CRABP cDNAs from human skin. *Exp Cell Res* 198(2): 328-36.

35 **Sani BP. et Hill DL.** (1974). Retinoic acid: a binding protein in chick embryo metatarsal skin. *Biochem Biophys Res Commun* 23;61(4):1276-82.

36 **Ong DE. et Chytil F.** (1975). Retinoic acid-binding protein in rat tissue. *J Biol Chem* 250: 6113-6117.

37 **Bailey JS. et Siu CH.** (1988). Purification and partial characterization of a novel binding protein for retinoic acid from neonatal rat. *J Biol Chem*. 263(19): 9326-32.

38 **Takase S., Ong DE. et Chytil F.** (1986). Transfer of retinoic acid from its complex with cellular retinoic acid-binding protein to the nucleus. *Arch Biochem Biophys* 247(2): 328-34.

39 **Fiorella PD. et Napoli JL.** (1991). Expression of cellular retinoic acid binding protein (CRABP) in Escherichia coli. Characterization and evidence that holo-CRABP is a substrate in retinoic acid metabolism. *J Biol Chem* 266(25):16572-9.

40 **Boylan JF. et Gudas LJ.** (1992). The level of CRABP-I expression influences the amounts and types of all-trans-retinoic acid metabolites in F9 teratocarcinoma stem cells. *J Biol Chem* 267(30): 21486-91.

41 **Boylan JF. et Gudas LJ.** (1991). Overexpression of the cellular retinoic acid binding protein-I (CRABP-I) results in a reduction in differentiation-specific gene expression in F9 teratocarcinoma cells. *J Cell Biol* 112(5): 965-79.

42 **de Bruijn DR., Oerlemans F, Hendriks W., Baats E., Ploemacher R., Wieringa B. et Geurts van Kessel A.** (1994). Normal development, growth and reproduction in cellular retinoic acid binding protein-I (CRABPI) null mutant mice. *Differentiation* 58(2):141-8.

43 **Giguere V., Fawcett D., Luo J., Evans RM. et Sucov HM.** (1996). Genetic analysis of the retinoid signal. *Ann N Y Acad Sci* 785:12-22.

44 **Durand B., Saunders M., Leroy P., Leid M. et Chambon P.** (1992). All-trans and 9-cis retinoic acid induction of CRABPII transcription is mediated by RAR-RXR heterodimers bound to DR1 and DR2 repeated motifs. *Cell* 71(1):73-85.

45 **Delva L., Bastie JN., Rochette-Egly C., Kraiba R., Balitrand N., Despouy G., Chambon P. et Chomienne C.** (1999). Physical and functional interactions between cellular retinoic acid binding protein II and the retinoic acid-dependent nuclear complex. *Mol Cell Biol* 19(10):7158-67.

46 **Dong D., Ruuska SE., Levinthal DJ. et Noy N.** (1999). Distinct roles for cellular retinoic acid-binding proteins I and II in regulating signaling by retinoic acid. *J Biol Chem* 274(34):23695-8.

47 **Mangelsdorf DJ., Thummel C., Beato M., Herrlich P., Schutz G., Umesono K., Blumberg B., Kastner P, Mark M., Chambon P. et al.** (1995). The nuclear receptor superfamily : the second decade. *Cell* 83(6) : 835-839.

48 **Aranda A. et Pascual A.** (2001). Nuclear Hormone Receptors and gene Expression.*Physiological Reviews* 81 (3): 1269-1303.

49 **Giguère V., Ong ES., Segui P. et Evans RM.** (1987). Identification of a receptor for the morphogen retinoic acid. *Nature* 330(6149):624-9.

50 **Petkovich M., Brand NJ., Krust A. et Chambon P.** (1987). A human retinoic acid receptor which belongs to the family of nuclear receptors. *Nature* 330(6147):444-50.

51 **Brand N., Petkovich M., Krust A., Chambon P., de The H., Marchio A., Tiollais P. et Dejean A.** (1988). Identification of a second human retinoic acid receptor. *Nature* 332(6167):850-3.

52 **Krust A., Kastner P., Petkovich M., Zelent A. et Chambon P.** (1989). A third human retinoic acid receptor, hRAR-gamma. *Proc Natl Acad Sci U S A* 86(14):5310-4.

53 **Mangelsdorf DJ., Ong ES., Dyck JA. et Evans RM.** (1990). Nuclear receptor that identifies a novel retinoic acid response pathway. *Nature* 345(6272):224-9.

54 **Mangelsdorf DJ., Borgmeyer U., Heyman RA., Zhou JY., Ong ES., Oro AE., Kakizuka A. et Evans RM.** (1992). Characterization of three RXR genes that mediate the action of 9-cis retinoic acid. *Genes Dev* 6(3):329-44.

55 **Leid M., Kastner P., Lyons R., Nakshatri H., Saunders M., Zacharewski T., Chen JY., Staub A., Garnier JM., Mader S., et Chambon P.** (1992). Purification, cloning, and RXR identity of the HeLa cell factor with which RAR or TR heterodimerizes to bind target sequences efficiently. *Cell* 68(2):377-95.

56 **Jones BB., Ohno CK., Allenby G., Boffa MB., Levin AA., Grippo JF. et Petkovich M.** (1995). New retinoid X receptor subtypes in zebra fish (Danio rerio) differentially modulate transcription and do not bind 9-cis retinoic acid. *Mol Cell Biol* 15(10):5226-34.

57 **Parrado A., Despouy G., Kraiba R., Le Pogam C., Dupas S., Choquette M., Robledo M., Larghero J., Bui H., Le Gall I., Rochette-Egly C., Chomienne C. et Padua RA.** (2001). Retinoic acid receptor alpha1 variants, RARalpha1DeltaB and RARalpha1DeltaBC, define a new class of nuclear receptor isoforms. *Nucleic Acids Res* 29(24):4901-8.

58 **Chambon P.** (1996). A decade of molecular biology of retinoic acid receptord. *FASEB J* 10: 940-954.

59 **Zelent A., Mendelsohn C., Kastner P., Krust A., Garnier JM., Ruffenach F., Leroy P. et Chambon P.** (1991). Differentially expressed isoforms of the mouse

retinoic acid receptor beta generated by usage of two promoters and alternative splicing. *EMBO J* 10(1):71-81.

60 **Leroy P., Krust A., Zelent A., Mendelsohn C., Garnier JM., Kastner P., Dierich A. et Chambon P.** (1991). Multiple isoforms of the mouse retinoic acid receptor alpha are generated by alternative splicing and differential induction by retinoic acid. *EMBO J* 10(1):59-69.

61 **Nagpal S., Saunders M., Kastner P., Durand B., Nakshatri H. et Chambon P.** (1992). Promoter context- and response element-dependent specificity of the transcriptional activation and modulating functions of retinoic acid receptors. *Cell* 70(6):1007-19.

62 **Fleischhauer K., Park JH., DiSanto JP., Marks M., Ozato K. etYang SY.** (1992). Isolation of a full-length cDNA clone encoding a N-terminally variant form of the human retinoid X receptor beta. *Nucleic Acids Res* 20(7):1801.

63 **Pemrick SM., Lucas DA. et Grippo JF.** (1994). The retinoid receptors. *Leukemia* 8(11):1797-806.

64 **Mangelsdorf DJ., Umesomo K. et Evans RM.** (1994). The retinoids receptors in *"The retinoids, Biology, Chemistry and Medicine", 2nd Edition, Ed. Sporn MB, Roberts AB, Goodman DS, Raven Press, Ltd, New York,* pp 319-349.

65 **Green S. et Chambon P.** (1986). A superfamily of potentially oncogenic hormone receptors. *Nature* 324: 615-617.

66 **Evans RM.** (1988). The steroid and thyroid hormone recpetor superfamily. *Science* 240: 889-895.

67 **Tora L., Gronemeyer H., Turcotte B., Gaub MP. et Chambon P.** (1988). The N-terminal region of the chicken progesterone receptor specifies target gene activation. *Nature* 12;333(6169):185-8.

68 **Nagpal S., Friant S., Nakshatri H. et Chambon P.** (1993). RARs and RXRs: evidence for two autonomous transactivation functions (AF-1 and AF-2) and heterodimerization in vivo.*EMBO J* 12(6):2349-60.

69 **Rochette-Egly C., Gaub MP., Lutz Y., Ali S., Scheuer I. et Chambon P.** (1992). Retinoic acid receptor-beta: immunodetection and phosphorylation on tyrosine residues. *Mol Endocrinol* 6(12):2197-209.

70 **Rochette-Egly C., Adam S., Rossignol M., Egly JM. et Chambon P.** (1997). Stimulation of RAR alpha activation function AF-1 through binding to the general transcription factor TFIIH and phosphorylation by CDK7. *Cell* 90(1):97-107.

71 **Mader S., Kumar V., de Verneuil H. et Chambon P.** (1989). Three amino acids of the oestrogen receptor are essential to its ability to distinguish an oestrogen from a glucocorticoid-responsive element. *Nature* 338(6212):271-4.

72 **Umesono K. et Evans RM.** (1989). Determinants of target gene specificity for steroid/thyroid hormone receptors. *Cell* 57(7):1139-46.

73 **Green S., Kumar V., Theulaz I., Wahli W. et Chambon P.** (1988). The N-terminal DNA-binding 'zinc finger' of the oestrogen and glucocorticoid receptors determines target gene specificity. *EMBO J* 7(10):3037-44.

74 **Zechel C., Shen XQ., Chen JY., Chen ZP., Chambon P. et Gronemeyer H.** (1994). The dimerization interfaces formed between the DNA binding domains of RXR, RAR and TR determine the binding specificity and polarity of the full-length receptors to direct repeats. *EMBO J* 13(6):1425-33.

75 **Zechel C., Shen XQ., Chambon P. et Gronemeyer H.** (1994). Dimerization interfaces formed between the DNA binding domains determine the cooperative binding of RXR/RAR and RXR/TR heterodimers to DR5 and DR4 elements. *EMBO J* 13(6):1414-24.

76 **Kurokawa R., Yu VC., Naar A., Kyakumoto S., Han Z., Silverman S., Rosenfeld MG. et Glass CK.** (1993). Differential orientations of the DNA-binding domain and carboxy-terminal dimerization interface regulate binding site selection by nuclear receptor heterodimers. *Genes Dev* 7(7B):1423-35.

77 **Forman BM., Yang CR., Au M., Casanova J., Ghysdael J. et Samuels HH.** (1989). A domain containing leucine-zipper-like motifs mediate novel in vivo

interactions between the thyroid hormone and retinoic acid receptors. *Mol Endocrinol* 3(10):1610-26.

78 **Bourguet W., Ruff M., Chambon P., Gronemeyer H. et Moras D.** (1995). Crystal structure of the ligand-binding domain of the human nuclear receptor RXR-alpha. *Nature* 375(6530):377-82.

79 **Renaud JP., Rochel N., Ruff M., Vivat V., Chambon P., Gronemeyer H. et Moras D.** (1995). Crystal structure of the RAR-gamma ligand-binding domain bound to all-trans retinoic acid. *Nature* 378(6558):681-9.

80 **Chen JD. et Evans RM.** (1995). A transcriptional co-repressor that interacts with nuclear hormone receptor. *Nature* 377: 454 - 457.

81 **Egea PF., Rochel N., Birck C., Vachette P., Timmins PA. et Moras D.** (2001). Effects of ligand binding on the association properties and conformation in solution of retinoic acid receptors RXR and RAR. *J Mol Biol* 307(2):557-76.

82 **Tsai SY., Carlstedt-Duke J., Weigel NL., Dahlman K., Gustafsson JA., Tsai MJ. et O'Malley BW.** (1988). Molecular interactions of steroid hormone receptor with its enhancer element: evidence for receptor dimer formation. *Cell* 55(2):361-9.

83 **Yu VC., Delsert C., Andersen B., Holloway JM., Devary OV., Naar AM., Kim SY., Boutin JM., Glass CK. et Rosenfeld MG.** (1991). RXR beta: a coregulator that enhances binding of retinoic acid, thyroid hormone, and vitamin D receptors to their cognate response elements. *Cell* 67(6):1251-66.

84 **Kliewer SA., Umesono K., Mangelsdorf DJ. et Evans RM.** (1992). Retinoid X receptor interacts with nuclear receptors in retinoic acid, thyroid hormone and vitamin D3 signalling. *Nature* 355(6359):446-9.

85 **Zhang XK., Lehmann J., Hoffmann B., Dawson MI., Cameron J., Graupner G., Hermann T., Tran P.et Pfahl M.** (1992). Homodimer formation of retinoid X receptor induced by 9-cis retinoic acid. *Nature* 358(6387):587-91.

86 **Marks MS., Hallenbeck PL., Nagata T., Segars JH., Appella E., Nikodem VM. et Ozato K.** (1992). H-2RIIBP (RXR beta) heterodimerization provides a

mechanism for combinatorial diversity in the regulation of retinoic acid and thyroid hormone responsive genes. *EMBO J* 11(4):1419-35.

87 **Kliewer SA., Umesono K., Noonan DJ., Heyman RA. et Evans RM.** (1992). Convergence of 9-cis retinoic acid and peroxisome proliferator signalling pathways through heterodimer formation of their receptors. *Nature* 358(6389):771-4.

88 **Kliewer SA., Umesono K., Heyman RA., Mangelsdorf DJ., Dyck. JA. et Evans RM.** (1992). Retinoid X receptor-Coup-TF interactions modulate retinoic acid signaling. *Proc. Natl. Acad. Sci. USA* 89(4): 1448-1452.

89 **Perlmann T., Rangarajan PN., Umesono K. et Evans RM.** (1993). Detenninants for selective RAR and TR recognition of direct repeat HREs. *Genes Dev* 7(7B): 1411-1422.

90 **Kurokawa R., DiRenzo J., Bohem M., Sugannan B., Gloss MG., Rosenfeld MG., Heyman RA., Glass CK.** (1994). Regulation of retinoid signalling by receptor polarity and allosteric control of ligand binding. *Nature* 371: 528-531.

91 **Kurokawa R., Sodersbom M., Horlein A., Halachmi S., Brown M., Rosenfeld MG. et Glass CK.** (1995). Polarity-specific activities of retinoic acid receptors determined by a co-repressor. *Nature* 377: 451-454.

92 **Onate SA., Tsai SY., Tsai M.J. et O'Malley BW.** (1995). Sequence and characterization of a coactivator for the steroid hormone receptor superfamily. *Science* 270 : 1354-1357.

93 **Voegel JJ., Heine MJ., Zechel C., Chambon P. et Gronemeyer H.** (1996). TIF2, a 160 kDa transcriptional mediator for the ligand-dependent activation function AF-2 ofnuclear receptors. *EMBO J* 15(14): 3667-3675.

94 **Kamei Y., Xu L., Heinzel T., Torchia J., Kurokawa R., Gloss B., Lin SC., Heyman RA., Rose DW., Glass CK. et Rosenfeld MG.** (1996). A CBP integrator complex mediates transcriptional activation and AP-1 inhibition by nuclear receptors. *Cell* 85: 403-14.

95 **Altucci L. et Gronemeyer H.** (2001).The promise of retinoids to fight against cancer. *Nature Review* 1: 181-193.

96 **Dilworth FJ. et Chambon P.** (2001). Nuclear receptors coordinate the activities of cromating remodeling complexes and coactivators to facilitate initiqtion of transcription. *Oncogene* 20(24): 3047-3054.

97 **Anzick SL., Kononen J., Walker RL., Azorsa DO., Tanner MM., Guan XY., Sauter G., Kallioniemi OP., Trent JM., et Meltzer PS.** (1997). AIB1, a steroid receptor coactivator amplified in breast and ovarian cancer. *Science* 15;277(5328):965-8.

98 **Hong WK.** (1994). In the retinoïds: biology, Chemistry and medecine, 2nd edit. New York: Raven Press 597-658.

99 **Le Oouarin B., Zechel C., Garnier J.M., Lutz Y., Tora L., Pierrat B., Heery O., Gronemeyer H., Chambon P. et Losson R.** (1995). The N-tenninal part of TIF1, a putative mediator of the ligand-dependent activation fuction (AF-2) of nuclear receptors, is fused to B-raf in the oncogenic protein T18. *EMBO J* 14: 2020-2033.

100 **Yao TP., Ku G., Zhou N., Scully R., et Livingston DM.** (1996). The nuclear hormone receptor coactivator SRC-1 is a specific target of p300. *Proc Natl AcadSci US A* 93: 10626-31.

101 **Blanco IC., Minucci S., Lu I., Yang XI., Walker KK., Chen H., Evans RM., Nakatani Y. et Ozato K.** (1998). The histone acetylase PCAF is a nuclear receptor coactivator. *Genes Dev* 12: 1638-51.

102 **Yang, XJ., Ogryzko VV., Nishikawa J., Howard BH., Nakatani Y.** (1996). A p300/CBP-associated factor that competes with the adenoviral oncoprotein ElA. *Nature* 382: 319-24.

103 **Hôrlein AJ., Naar AM., Heinzel T., Torchia J., Gloss B., Kurokawa R., Ryan A., Kamei Y., Sôderstrôm M., Glass CK. et Rosenfeld MG.** (1995). Ligand-independent repression by the thyroid hormone receptor mediated by a nuclear receptor co-repressor. *Nature* 377: 397-404.

104 **Busch K., Martin B., Baniahmad A., Martial IA., Renkawitz R. et Muller M.** (2000). Silencing subdomains of v-ErbA interact cooperatively with corepressors: involvement of helices 5/6. *Mol Endocrinol* 14: 201-11.

105 **Forman BM., Umesono K., Chen J. et Evans RM.** (1995). Unique response pathways are establisbed by allosteric interactions among nuclear hormone receptors. *Cell* 81: 541-550.

106 **Minucci S., Leid M., Toyama R., Saint-Jeannet JP., Peterson VJ., Horn V., Ishmael JE., Bhattacharyya N., Dey A., Dawid IB. et Ozato K.** (1997). Retinoid X receptor (RXR) within the RXR-retinoic acid receptor heterodimer binds its ligand and enhances retinoid-dependent gene expression. *Moll Cell Bio* 17(2): 644-655.

107 **Jimenez- Lara AM. et Aranda A.** (1999). The vitamin D receptor binds in a transcriptionnaly inactive form and without a defined polarity on a retinoic acid response element. *FASEB J* 13: 1073-1081.

108 **Rochette-Egly C., Lutz Y., Saunders M., Scheuer I., Gaub MP. et Chambon P.** (1991). Retinoic acid receptor: specific immunodetection and phosphorylation. *J cell Biol* 115: 535-545.

109 **Rochette-Egly C., Oulad-Abdelghani M., Staub A., fisterVP., Scheuer I., Chambon P. et Gaub MP** (1995). Phosphorylation of the retinoic acid receptor-alpha by protein kinase A. *Mol Endocrinol 9:* 860-71.

110 **Huggenvik JI., Collard MW., Kim YW. et Shanna RP.** (1993). Modification of the retinoic acid signaling pathway by the catalytic subunit of protein kinase-A. *Mol Endocrino* 17(4): 543-550.

111 **Bastien J. Ada-Stitah S., Riedl T., Egly M., Chambon P. et Rochette-Egly C. (2000).** TFIIH interacts with the retinoic acid receptor gamma and phosphorylates its activating domain through cdk7. *J Biol Chem* 275 (29): 21896-21904.

112 **Kopf E., Plassat JL., Vivat V., de The H., Chambon P. et Rochette-Egly C.** (2000). Dimerization with retinoid X receptors and phosphorylation modulate the

retinoic acid-induced degradation of retinoic acid receptors alpha and gamma through the ubiquitin-proteasome pathway. *J Biol Chem* 275 (43): 33280-8.

113 **Gianni M., Bauer A., Garattini E., Chambon P. et Rochette-Egly C.** (2002). Phosphorylation by p38MAPK and recruitment of SUG-1 are required for RA-induced RAR gamma degradation and transactivation. *EMBO J* 15;21(14):3760-9.

114 **Gianni M., Kopf E., Bastien J., Oulad-Abdelghani M., Garattini E., Chambon P. et Rochette-Egly C.** (2002). Down-regulation of the phosphatidylinositol 3-kinase/Akt pathway is involved in retinoic acid-induced phosphorylation, degradation, and transcriptional activity of retinoic acid receptor gamma 2. *J Biol Chem* 277(28):24859-62.

115 **Nicholson RC., Mader S., Nagpal S., Leid M., Rochette-Egly C. et Chambon, P.** (1990). Negative regulation of the rat stromelysin gene promoter by retinoic acid is mediated by an AP-1 binding site. *EMBO J* 9(13): 4443-4454.

116 **Lafyatis R., Kim SJ., Angel P., Roberts AB., Spom MB., Karin M. et Wilder RL.** (1990). Interleukin-1 stimulates and all-trans-retinoic acid inhibits collagenase gene expression through its 5' activator protein-1- binding site. *Mol Endocrinol4(7):* 973-980.

117 **Salbert G., Fanjul A., Piedrafita FJ., Lu XP., Kim SJ., Tran P. et Pfahl M.** (1993). Retinoic acid receptors and retinoid X receptor-alpha down-regulate the transforming growth factor-beta 1 promoter by antagonizing AP-1 activity. *Mol Endocrinol* 7(10): 1347-1356.

118 **Arias J., Alberts AS., Brindle P., Claret FX., Smeal T., Karin M., Feramisco J et Montminy M.** (1994). Activation of cAMP and mitogen responsive genes relies on a common nuclear factor. *Nature* 370: 226-229

119 **Caelles C. Gonzalez-Sancho JM. et Munoz A.** (1997). Nuclear hormone receptor antagonism with AP-1 by inhibition of the JNK pathway.*Genes Dev* 11(24):3351-64.

120 **Fanjul A., Dawson MI., Hobbs PD., Jong L., Cameron JF., Harlev E., Graupner G., Lu XP. et Pfahl M.** (1994). A new class of retinoids with selective inhibition of AP-1 inhibits proliferation. *Nature* 372: 107-11.

121 **Chen JY., Penco S., Ostrowski J., Balaguer P., Pons M., Starrett JE., Reczek P., Chambon P. et Gronemeyer H.** (1995). RAR-specific agonist/antagonists which dissociate transactivation and AP1 transrepression inhibit anchorage-independent cell proliferation. *EMBO J* 14(6): 1187-1197.

122 **Nagpal S., Athanikar J. et Chandraratna RA.** (1995). Separation of transactivation and AP1 antagonism functions of retinoic acid receptor alpha. *J Biol Chem* 270(2): 923-927.

123 **Schüle R., Umesono K., Mangelsdorf DJ., Bolado J., Pike JW. et Evans RM.** (1990). Jun-Fos and receptors for vitamins A and D recognize a common response element in the human osteocalcin gene. *Cell* 61(3): 497-504.

124 **Debois, C., Aubert O., Legrand C., Pin B. et Samarut I.** (1991). A novel mechanism of action for v-erbA: abrogation of the inactivation of transcription factor AP-1 by retinoic acid and thyroid hormone receptors. *Cell* 67: 731-740.

125 **Soprano DR., Chen LX., Wu S., Donigan AM., Borghaei RC. et Soprano. KJ.** Overexpression of both RAR and RXR restores AP-1 repression in ovarian adenocarcinoma cells resistant to retinoic acid-dependent growth inhibition. *Oncogene* 1996 12(3):577-84.

126 **Favennec L. et Cals MJ.** (1988). The biological effects of retinoids on cell differentiation and proliferation. *J Clin Chem Clin Biochem* 26: 479-489.

127 **Maden M.** (1982). Vitamin A and pattern fonnation in tbe regenerating limb. *Nature* 295: 672-675.

128 **Durston AI., Timmermans IP., Hage WI., Hendriks HF., De Vries NI., Heideveld M. et Nieuwkoop PD.** (1989). Retinoic acid causes an anteroposterior transformation in the developing central nervous system. *Nature* 340: 140-144.

129 **Koide T., Downes M., Chandraratna RA., Blumberg B et Umenoso K.** (2001). Active repression of RAR signaling is required for head formation. *Genes & Development* 15: 2111-2121.

130 **Li E., Sucov HM., Lee KF., Evans RM. et Jaenisch R.** (1993). Normal development and growth of mice carrying a targeted disruption of the alpha 1 retinoic acid receptor gene. *Proc Natl Acad Sci U S A* 90(4):1590-4.

131 **Luo J., Pasceri P., Conlon RA., Rossant J. et Giguere V.** (1995). Mice lacking all isoforms of retinoic acid receptor beta develop normally and are susceptible to the teratogenic effects of retinoic acid. *Mech Dev* 53(1):61-71.

132 **Lohnes D., Kastner P., Dierich A., Mark M., LeMeur M. et Chambon P.** (1993). Function of retinoic acid receptor gamma in the mouse. *Cell* 73(4):643-58.

133 **Lufkin T., Lohnes D., Mark M., Dierich A., Gorry P., Gaub MP., LeMeur M. et Chambon P.** (1993). High postnatal lethality and testis degeneration in retinoic acid receptor alpha mutant mice. *Proc Natl Acad Sci U S A* 90(15):7225-9.

134 **Lohnes D., Mark M., Mendelsohn C., Dolle P., Dierich A., Gorry P., Gansmuller A., et Chambon P.** (1994). Function of the retinoic acid receptors (RARs) during development (I). Craniofacial and skeletal abnormalities in RAR double mutants. *Development* 120(10): 2723-2748.

135 **Mendelsohn C., Lohnes O., Oecimo O., Lufkin T., LeMeur M., Chambon P. et Mark M.** (1994). Function of the retinoic acid receptors (RARs) during development (II). multiple abnormalities at various stages of organogenesis in RAR double mutants. *Development* 120(10): 2749-2771.

136 **Rochette-Egly C. et Chambon P.** (2001) F9 embryocarcinoma cells: a cell autonomous model to study the functional selectivity of RARs and RXRs in retinoid signaling *Histol Histopathol* 16: 909-922.

137 **Kastner P., Messaddeq N., Mark M., Wendling O., Grondona IM., Ward S., Ghyselinck N. et Chambon P.** (1997). Vitamin A deficiency and mutations of

RXRalpha, RXRbeta and RARalpha lead to early differentiation of embryonic ventricular cardiomyocytes. *Development* 124: 4749-58.

138 **Jetten AM., Kim JS., Sacks PG., Rearick JI., Lotan D., Hong WK. et Lotan R.** (1990). Inhibition of growth and squamous-cell differentiation markers in cultured human head and neck squamous carcinoma cells by beta-all-trans retinoic acid. *Int J Cancer* 45(1):195-202.

139 **Robertson KA. Emami B. Mueller L. et Collins SJ.** (1992). Multiple members of the retinoic acid receptor family are capable of mediating the granulocytic differentiation of HL-60 cells. *Mol Cell Biol* 12(9):3743-9.

140 **Kim MJ., Ciletti N., Michel S., Reichert U. et Rosenfield RL.** (2000). The role of specific retinoid receptors in sebocyte growth and differentiation in culture. *J Invest Dermatol* 114(2):349-53.

141 **Strickland S., Smith KK. et Marotti KR.** (1980). Hormonal induction of differentiation in teratocarcinoma stem cells : generation of parietal endoderm by retinoic acid and dibutyryl cAMP. *Cell* 21: 347-355.

142 **Andrews PW.** (1984). Retinoic acid induces neuronal differentiation of a cloned human embryonal carcinoma cellline in vitro. *Dev Biol 3(2):* 285-293.

143 **Boncinelli E., Simemone A., Acampora D. et Mavilio F.** (1991). HOX gene activation by retinoic acid. *Trends Genet* 7(10): 329-334.

144 **Ugai H., Uchida K., Kawasaki H. et Yokoyama KK.** (1999). The coactivators p300 and CBP have different functions during the differentiation of F9 cells. *J Mol Med* 77(6):481-94.

145 **Kitabayashi I., Kawakami Z., Chiu R., Ozawa K., Matsuoka T., Toyoshima S.,Umesono K., Evans RM., Gachelin G. et Yokoyama K.** (1992). Transcriptional regulation of the c-jun gene by retinoic acid and E1A during differentiation of F9 cells. *EMBO J* 11(1):167-75.

146 **Alberts B.** (1994). Molecular Biology of the Cell third edition, Garland Publishing Inc., New York, NY, USA

147 **Seewaldt VL. Kim JH. Caldwell LE. Johnson BS. Swisshelm K. et Collins L.** (1997). All-trans-retinoic acid mediates Gl arrest but not apoptosis of normal human mammary epithelial cells. *Cell Growth Differ* 8(6):631-41.

148 **Zhu WY., Jones CS., Kiss A,. Matsukuma K,. Amin S. et De Luca LM.** (1997). Retinoic acid inhibition of cell cycle progression in MCF- 7 human breast cancer cells.*Exp Cell Res* 234(2):293-9.

149 **Langenfeld J., Lonardo F., Kiokawa H., Passalaris T., Ahn MJ., Rusch V. et Dmitrovsky E.** (1996). Inhibited transformation of immortalized human bronchial epithelial cells by retinoic acid is linked to cyclin E down-regulation. *Oncogene* 13(9):1983-90.

150 **Zhou Q., Stetler-Stevenson M. et Steeg PS.** (1997). Inhibition of cyclin D expression in human breast carcinoma cells by retinoids in vitro. *Oncogene* 15(1):107-15.

151 **Dragnev KH., Freemantle SJ., Spinella MJ. et Dmitrovsky E.** (2001). Cyclin proteolysis as a retinoid cancer prevention mechanism. *Ann NY Acad Sci* 952:13-22.

152 **Martin SJ., Bradley JG. et Cotter TG.** (1990). HL-60 cells induced to differentiate towards neutrophils subsequently die via apoptosis. *Clin Exp Immunol* 79(3):448-53.

153 **Yang Y., Vacchio MS. et Ashwell JD.** (1993). 9-cis-retinoic acid inhibits activation-driven T -cell apoptosis: implications for retinoid X receptor involvement in thymocyte development. *Proc Natl Acad Sci USA* 90: 6170-6174.

154 **Nagy, L., Thomazy V. A., Shipley GL., Fesus L., Lamph W., Heyman RA., Chandrarabla RA. et Davies PJ.** (1995). Activation of retinoid X receptors induces apoptosis in HL-60 cell lines. *Mol Cell Biol* 5: 3540-51.

155 **Pfahl M.** (1993). Nuclear receptor/AP-1 interaction. *Endocrine Review* 14(5): 651-658.

156 **Glick AB., Flanders KC,. Danielpour D,. YusRa SH. et Sporn MB.** (1989). Retinoic acid induces transforming growth factor-beta 2 in cultured keratinocytes and mouse epidermis. *Cell Regul* 1(1):87-97.

157 **Nunes I., Kojima S. et Rifkin DB.** (1996). Effects of endogenously activated transforming growth factor-beta on growth and differentiation of retinoic acid-treated HL-60 cells. *Cancer Res* 56(3):495-9.

158 **Semba RD.** (1994). Vitamin A, immunity, and infection. *Clinical Infectious Deseases* 19: 489-499.

159 **Sidell N., Rieber P. et Golub SH.** (1984). Immunological aspects of retinoids in humans. I. Analysis of retinoic acid enhancement of thymocyte responses to PHA. *Cell Immunol* 87(1):118-1:5.

160 **Valone FH. et Payan DG.** (1985). Potentiation of mitogen-induced human T-lymphocyte activation by retinoic acid. *Cancer research* 45: 4128-4131.

161 **Zancai P., Cariati R., Rizzo S., Boiocchi M. et Dolcetti R.** (1998). Retinoic acid-mediated growth arrest of EBV-immortalized B lymphocytes is associated with multiple changes in Gl regulatory proteins: p27Kipl up-regulation is a relevant early event. *Oncogene* 17(14):1827-36.

162 **Sherr E., Adelman DC., Saxon A., Gillv M., Wall R. et Sidell N.** (1988). Retinoic acid induces the differentiation of B cell hybridomas from patients with common variable immunodeficiency. *J Exp Med* 68(1):55-71.

163 **Ballow M., Wang W. et Xiang S.** (1996). Modulation of B-cell immunoglobulin synthesis by retinoic acid. *Clin Immunology & pathologie* 80 (3): S73-S81.

164 **Matikainen S., Serkkola E. et Hurme M.** (1991). Retinoic acid enhances IL-1 beta expression in myeloid leukemia cells and in human monocytes. *J Immunol* 147: 162-167.

165 **Dillehay DL., Li W., Kalin I., Walia AS. et Lamon EW.** (1987). In vitro effects of retinoids on murine thymus-dependent and thymus-independent mitogenesis. *Cell Immunol* 107(1):130- 137.

166 **Sidell N., Chang B. et Bhatti L.** (1993). Upregulation by retinoic acid of interleukine-2-receptor mRNA in human T lymphoctes. *Cell Immunol* 146: 28-37.

167 **Cantorna MT., Nashold FE. et Hayes CE.** (1994). In vitamin A deficiency multiple mechanisms establish a regulatory T helper cell imbalance with excess Th1 and insufficient Th2 function. *J Immunol* 152: 1515-1522.

168 **Moon RC., Mehta RG. et Rao KJ.** (1994).Retinoids and cancer in experimental animals. In the retinoïds: biology, Chemistry and medecine, 2nd edit. New York: Raven Press 573-95.

169 **Lotan R., Xu XC., Lippman SM., RO JY., Lee JJ et Hong WK.** (1995). Suppression of retinoic acid receptor beta in premalignant oral lesions and its up-regulation by isotretinoin. *N Engl J Med* 332 (21): 1405-10.

170 **Xu XC., Ro JY., Lee JS., Shin DM., Hong WK et Lotan R.** (1994). Differenial expression of nuclear retinoid receptors in normal, premalignant, and malignant head and neck tissues. *Cancer Research* 54: 3580-7.

171 **De Larco JE. et Todaro GJ.** (1978). Growth factors from murine sarcoma virus-transformed cells. *Proc Natl Acad Sci USA* 75 (8) : 4001-4005.

172 **Roberts AB., Lamb LC., Newton DL., Sporn MB., De Larco JE et Todaro GJ.** (1980). Transforming growth factors: isolation of polypeptides from virally and chemically tranformed cells by acid/ethanol extraction. *Proc Natl Acad Sci USA* 77 (6) 3494-3498.

173 **Roberts AB. et Sporn MB.** (1988). Transforming Growth Factor β. *Advances in Cancer Research*, 51, 107-145.

174 **Anzano MA., Roberts AB., Smith JM., Sporn MB et De Larco.** (1983). Sarcoma growth factor from conditioned medium of virally transformed cells is composed of both type alpha and type beta transforming growth factors. *Proc Natl Acad Sci USA* 80 (20), 6264-8.

175 **Anzano MA., Roberts AB., Meyers CA., Komoriya A., Lamb LC., Smith JM. et Sporn MB.** (1982). Synergistic interaction of two classes of transforming growth factors from murine sarcoma cells. *Cancer research* 42 (11) 776-4778.

176 **Derynck R., Jarrett JA., Chen EY., Eaton DH., Bell JR., Assoian RK., Roberts AB., Sporn MB. et Goedde DV.** (1985). Human transforming growth factor-beta complementary DNA sequence and expression in normal and transformed cells. *Nature* 316 : 701-705.

177 **Roberts A.B. et Sporn MB.** (1993). Physiological actions and clinical applications of transforming growth factor-beta (TGF-beta). *Growth Factors* 8:1-9.

178 **Massague J.** (1998). TGF-beta signal transduction. *Annu Rev Biochem* 67:753-91.

179 **Heldin, C., Miyazono HK. et ten Dijke P.** (1997). TGF-beta signaling from membrane to nucleus through SMAD proteins. *Nature* 390:465- 71.

180 **Cui W., Fowlis DJ., Bryson S., Duffie E., Ireland H., Balmain A. et Akhurst RJ.** (1996). TGFbeta1 inhibits the formation of benign skin tumors, but enhances progression to invasive spindle carcinomas in transgenic mice. *Cell* 86:*531-42.*

181 **Massagué J. et Wotton D.** (2000). Transcriptional control by the TGF-beta/Smad signaling system. *EMBO J* 19, 8, 1745-1754.

182 **Cordeiro MF.** (2002). Beyond mitomycin : TGF-β and wound healing. *Progress in Retinal and Eye Research* 21, 75-89.

183 **Cheifetz, S., Weatherbee JA., Tsang ML., Anderson JK., Mole JE., Lucas R. et Massague J.** (1987). The transforming growth factor-beta system, a complex pattern of cross- reactive ligands and receptors. *Cell* 48:409-15.

184 **Madisen L., Webb NR., Rose FM., Marquardt H., Ikeda T., Twardzik D., Seyedin S. et Purchio AF.** (1988). Transforming growth factor-beta 2: cDNA cloning and sequence analysis. *DNA* 7:1-8.

185 **Marquardt H., Lioubin MN. et T. Ikeda.** (1987). Complete amino acid sequence of human transforming growth factor type beta 2. *J Biol Chem* 262: 12127-31.

186 **Derynck R., Lindquist PB., Lee A., Wen D., Tamm J., Graycar JL., Rhee L., Mason AJ., Miller DA., CofTey RJ. et** *al.* (1988). A new type of transforming growth factor-beta, TGF-beta 3. *Embo J* 7:3737-43.

187 **ten Dijke P., Hansen P., Iwata KK., Pieler C., et Foulkes JG.** (1988). Identification of another member of the transforming growth factor type beta gene family. *Proc Natl Acad Sci U S A* 85:4715-9.

188 **Roberts AB., et Sporn MB.** 1990. The transforming growth factor-betas, Springer-Verlag ed, vol. 95, Heidelberg.

189 **Roberts AB., et Sporn MB.** (1992). Differential expression of the TGF-beta isoforms in embryogenesis suggests specific roles in developing and adult tissues. *Mol Reprod Dev* 32:91-8.

190 **Jakowlew SB., Dinard PJ., Sporn MB., et Roberts AB.** (1988). Complementary deoxyribonucleic acid cloning of a messenger ribonucleic acid encoding transforming growth beta 4 from chicken embryo chondrocytes. *Mol Endocrinol* 11 : 86-95.

191 **Kondaiah P., Sands MJ., Smith JM., Fields A., Roberts AB., Sporn MB., et Melton DA.** (1990). Identification of a novel transforming growth factor-beta (TGF-beta 5) mRNA in Xenopus laevis. *J Biol Chem* 265: 1089-93.

192 **Schlunegger MP. et Grutter MG.** (1992). An unusual feature revealed βX the crystal structure at 2.2 A / resolutlon of human transformmg growth factor-beta 2. *Nature* 358:430-4.

193 **Griffith DL., Keck PC., Sampath TK., Rueger DC., et Carlson WD.** (1996). Three-dimensional structure of recombinant human osteogenic protein 1: structural paradigm for the transforming growth factor beta superfamily. *Proc Natl Acad Sci U S A* 93:878-83.

194 **Feige JJ., Quirin N. et Souchelnitskiy S.** (1996). TGFβ, un peptide biologique sous contrôle : formes latentes et mécanismes d'activation. *Medecine/Sciences* 12 : 929-939.

195 **Kim SJ., Angel P., Lafyatis R., Hattori K., Kim KY., Sporn MB., Karin M. et Roberts AB.** (1990). Autoinduction of transforming growth factor beta 1 is mediated by the AP-1 complexe. *Molecular and cellular Biology* 10 : 1492-149.

196 **Tsao MS., Zhang XY., Liu C. et Grisham JW.** (1991). Regulation by epidermal growth factor of the expression of transforminggrowth factor-beta 1 mRNA in cultured rat liver epithelial cells. *Exp Cell Res* 195(1):214-7.

197 **Noda M. et Vogel R.** (1989). Fibroblast growth factor enhances type beta 1 transforming growth factor gene expression in osteoblast-like cells. *J Cell Biol* 109(5):2529-35.

198 **Kim HJ., Abdelkader N., Katz M. et McLane JA.** (1992). 1,25-Dihydroxy-vitamin-D3 enhances antiproliferative effect and transcription of TGF-beta1 on human keratinocytes in culture. *J Cell Physiol* 151(3):579-87.

199 **Fisher GJ., Tavakkol A., Griffiths CE., Elder JT., Zhang QY., Finkel L., Danielpour D., Glick AB., Higley H., Ellingsworth L. et** *al.* (1992). Differential modulation of transforming growth factor-beta 1 expression and mucin deposition by retinoic acid and sodium lauryl sulfate in human skin. *J Invest Dermatol* 98(1):102-8.

200 **Danielpour D., Kim KY., Winokur TS. et Sporn MB.** (1991). Differential regulation of the expression of transforming growth factor-beta s 1 and 2 by retinoic acid, epidermal growth factor, and dexamethasone in NRK-49F and A549 cells. *J Cell Physiol* 148(2):235-44.

201 **Almawi WY., Abou Jaoude MM. et Li XC.** (2002). Transcriptional and post-transcriptional mechanisms of glucocorticoid antiproliferative effects. *Hematol Oncol* 20(1):17-32.

202 **Shull MM., Ormsby I., Kier AB., Pawlowski S., Diebold RJ., Yin M., Allen R., Sidman C., Proetzel G., Calvin D., et** *al.* (1992). Targeted disruption of the

mouse transforming growth factor-beta 1 gene results in multifocal inflammatory disease. *Nature* 359(6397):693-9.

203 **Gleizes PE., Munger JS., Nunes I., Harpel JG., Mazzieri R., Noguera I. et Rifkin DB.** (1997). TGF-beta latency: biological significance and mechanisms of activation. *Stem Cells* 15(3):190-7.

204 **Dubois CM., Laprise MH., Blanchette F., Gentry LE. et Leduc R.** (1995). Processing of transforming growth factor beta 1 precursor by human furin convertase. *J Biol Chem* 270(18):10618-24.

205 **Gray AM. et Mason AJ.** (1990). Requirement for activin A and transforming growth factor--beta 1 pro-regions in homodimer assembly. *Science* 247(4948):1328-30.

206 **Kanzaki T., Olofsson A., Moren A., Wernstedt C., Hellman U., Miyazono K., Claesson-Welsh L. et Heldin CH.** (1990). TGF-beta 1 binding protein: a component of the large latent complex of TGF-beta 1 with multiple repeat sequences. *Cell* 61(6):1051-61.

207 **Saharinen J., Taipale J. et Keski-Oja J.** (1996). Association of the small latent transforming growth factor-beta with an eight cysteine repeat of its binding protein LTBP-1. *EMBO J* 15(2):245-53.

208 **Oklu R. et Hesketh R.** (2000). The latent transforming gr-owth factor beta binding protein (LTBP) family. *Biochem J* 352:601-10.

209 **Miyazono K., Olofsson A., Colosetti P. et Heldin CH.** (1991). A role of the latent TGF-beta 1-binding protein in the assembly and secretion of TGF-beta 1. *EmboJ* 10:1091-101.

210 **Flaumenhaft R., Abe M., Sato Y., Miyazono K., Harpel J., Heldin CH. et Rifkin DB.** (1993). Role of the latent TGF-beta binding protein in the activation of latent TGF-beta by co-cultures of endothelial and smooth muscle cells. *J Cell Biol1* 20:995-1002.

211 **Feige JJ., Negoescu A., Keramidas M., Souchelnitskiy S. et Chambaz EM.** (1996). Alpha 2-macroglobulin: a binding protein for transforming growth factor-beta and various cytokines. *Horm Res* 45 : 227-32.

212 **Olofsson A., Miyazono K., Kanzaki T., Colosetti P., Engstrom U. et Heldin CH.** (1992). Transforming growth factor-beta 1, -beta 2, and -beta 3 secreted by a human glioblastoma cell line. Identification of small and different forms of large latent complexes. *J Biol Chem* 267(27):19482-8.

213 **Bonewald LF., Wakefield L., Oreffo RO., Escobedo A., Twardzik DR. et Mundy GR.** (1991). Latent forms of transforming growth factor-beta (TGF beta) derived from bone cultures: identification of a naturally occurring 100-kDa complex with similarity to recombinant latent TGF beta. *Mol Endocrinol* 5(6):741-51.

214 **Souchelnitskiy S., Chambaz EM., et Feige JJ.** (1995). Thrombospondins selectively activate one of the two latent forms of transforming growth factor-beta present in adrenocortical cell-conditioned medium. *Endocrinology* 136:5118-26.

215 **Brown PD., Wakefield LM., Levinson AD. et Sporn MB.** (1990). Physicochemical activation of recombinant latent transforming growth factor-beta's 1, 2, and 3. *Growth Factors* 3(1):35-43.

216 **Oreffo RO., Mundy GR., Seyedin SM. et Bonewald LF.** (1989). Activation of the bone-derived latent TGF beta complex by isolated osteoclasts. *Biochem Biophys Res Commun* 158(3):817-23.

217 **Lyons RM., Gentry LE., Purchio AF., et Moses HL.** (1990). Mechanism of activation of latent recombinant transforming growth factor beta 1 by plasmin. *J Cell Biol 110:* 1361- 1367.

218 **Sato Y. et Rifkin DB.** (1989). Inhibition of endothelial cell movement by pericytes and smooth muscle cells: activation of a latent transforming growth factor-beta 1-like molecule by plasmin during co-culture. *J Cell Biol* 109(1):309-15.

219 **Godar S., Horejsi V., Weidle UH., Binder BR., Hansmann C. et Stockinger H.** (1999). M6P/IGFII-receptor complexes urokinase receptor and plasminogen for activation of transforming growth factor-beta1. *Eur J Immunol* 29(3):1004-13.

220 **Dennis PA. et Rifkin DB.** (1991). Cellular activation of latent transforming growth factor beta requires binding to the cation-independent mannose 6-phosphate/insulin-like growth factor type II receptor. *Proc Natl Acad Sci U S A* 88(2):580-4.

221 **Yu Q. et Stamenkovic I.** (2000). Cell surface-localized matrix metalloproteinase-9 proteolytically activates TGF-beta and promotes tumor invasion and angiogenesis. *Genes Dev* 14(2):163-76.

222 **Massague J. et Chen YG.** (2000). Controlling TGF-beta signaling. *Genes Dev* 14(6):627-44.

223 **Dallas SL., Rosser JL., Mundy GR et Bonewald LF.** (2002). Proteolysis of Latent Transforming Growth Factor-β (TGF-β)-binding Protein-1 by Osteoclasts. *J Biol Chem* 277 (24) : 21352-21360.

224 **Qin Yu. et Stamenkovic I.** (2000). Cell surface-localized matrix metalloproteinase-9 proteolytically activates TGF-β and promotes tumor invasion and angiogenesis. *Genes & Development* 14 : 163-176.

225 **Schultz-Cherry S. et Murphy-Ullrich JE.** (1993). Thrombospondin causes activation of latent transforming growthfactor-beta secreted by endothelial cells by a novel mechanism. *J Cell Biol* 122(4):923-32.

226 **Schultz-Cherry S., Ribeiro S., Gentry L. et Murphy-Ullrich JE.** (1994). Thrombospondin binds and activates the small and large forms of latent transforming growth factor-beta in a chemically defined system. *J Biol Chem* 269(43):26775-82.

227 **Taipale J., Saharinen J. et Keski-Oja J.** (1998). Extracellular matrix-associated transforming growth factor-beta: role incancer cell growth and invasion. *Adv Cancer Res* 75:87-134.

228 **Crawford SE., Stellmach V., Murphy-Ullrich JE., Ribeiro SM.,Lawler J., Hynes RO., Boivin GP. et Bouck N.** (1998). Thrombospondin-1 is a major activator of TGF-beta1 in vivo. *Cell* 93(7):1159-70.

229 **Munger JS., Huang X., Kawakatsu H., Griffiths MJ., Dalton SL.,Wu J., Pittet JF., Kaminski N., Garat C., Matthay MA., Rifkin DB. et Sheppard D.** (1999). The integrin alpha v beta 6 binds and activates latent TGF beta 1: a mechanism for regulating pulmonary inflammation and fibrosis.*Cell* 96(3):319-28.

230 **Derynck R., Jarrett JA., Chen EY. et Goeddel DV.** (1986). The murine transforming growth factor-beta precursor. *JBiol Chem* 261:4377-9.

231 **Derynck R., Rhee L., Chen EY., et Van Tilburg A.** (1987). Intron-exon structure of the human transforming growth factor-beta precursor gene. *Nucleic Acids Res* 15:3188-9.

232 **Hinck AP ., Archer SJ., Qian SW., Roberts AB., Sporn MB., Weatherbee JA., Tsang ML., Lucas R., Zhang BL., Wenker J., et Torchia DA.** (1996). Transforming growth factor beta 1: three-dimensional structure in solution and comparison with the X-ray structure of transforming growth factor beta 2. *Biochemistry* 35, 8517-8534.

233 **Qian SW., Burmester JK., Tsang ML., Weatherbee JA., HinckAP., Ohlsen DJ., Sporn MB. et Roberts AB.** (1996). Binding affinity of transforming growth factor-beta for its type II receptor is determined by the C-terminal region of the molecule.*J Biol Chem* 271(48):30656-62.

234 **Roberts AB., Anzano MA., Wakefield LM., Roche NS., SternDF. et Sporn MB.** (1985). Type beta transforming growth factor: a bifunctional regulator of cellular growth. *Proc Natl Acad Sci USA* 82(1):119-23.

235 **Battegay EJ., Raines EW., Seifert RA., Bowen-Pope DF., Ross R.** (1990). TGF-beta induces bimodal proliferation of connective tissue cells via complex control of an autocrine PDGF loop.*Cell* 63(3):515-24.

236 **Igarashi A., Okochi H., Bradham DM. et Grotendorst GR.** (1993). Regulation of connective tissue growth factor gene expression in human skin fibroblasts and during wound repair. *Mol Biol Cell* 4(6):637-45.

237 **Assoian RK., Frolik CA., Roberts AB., Miller DM. et Sporn MB.** (1984). Transforming growth factor-beta controls receptor levels for epidermal growth factor in NRK fibroblasts.*Cell* 36(1):35-41.

238 **Derynck R. et Feng XH.** (1997). TGF-beta receptor signaling.*Biochim Biophys Acta* 1333(2):F105-50.

239 **Hocevar BA. et Howe PH.** (1998). Mechanisms of TGF-beta-induced cell cycle arrest. *Miner Electrolyte Metab* 24(2-3):131-5.

240 **Ignotz RA. et Massague J.** (1987). Cell adhesion protein receptors as targets for transforming growth factor-beta action. *Cell* 51(2):189-97.

241 **Hocevar BA., Brown TL. et Howe PH.** (1999). TGF-beta induces fibronectin synthesis through a c-Jun N-terminal kinase-dependent, Smad4-independent pathway. *EMBO J* 18(5):1345-56.

242 **Iavarone A. et Massague J.** (1997). Repression of the CDK activator Cdc25A and cell-cycle arrest by cytokine TGF-beta in cells lacking the CDK inhibitor p15. *Nature* 387(6631):417-22.

243 **Reynisdottir I., Polyak K., Iavarone A. et Massague J.** (1995). Kip/Cip and Ink4 Cdk inhibitors cooperate to induce cell cycle arrest inresponse to TGF-beta. *Genes Dev* 9(15):1831-45.

244 **Geng Y. et Weinberg RA.** (1993). Transforming growth factor beta effects on expression of G1 cyclins and cyclin-dependent protein kinases. *Proc Natl Acad Sci USA* 90(21):10315-9.

245 **Ewen ME., Sluss HK., Whitehouse LL. et Livingston DM.** (1993). TGF beta inhibition of Cdk4 synthesis is linked to cell cycle arrest. *Cell* 74(6):1009-20.

246 **Laiho M., DeCaprio JA., Ludlow JW., Livingston DM. et Massague J.** (1990). Growth inhibition by TGF-beta linked to suppression of retinoblastoma protein phosphorylation.*Cell* 62(1):175-85.

247 **Pietenpol JA., Holt JT., Stein RW. et Moses HL.** (1990). Transforming growth factor beta 1 suppression of c-myc genetranscription: role in inhibition of keratinocyte proliferation. *Proc Natl Acad Sci USA* 87(10):3758-62.

248 **Fine LG., Holley RW., Nasri H. et Badie-Dezfooly B.** (1985). BSC-1 growth inhibitor transforms a mitogenic stimulus into ahypertrophic stimulus for renal proximal tubular cells: relationship toNa+/H+ antiport activity. *Proc Natl Acad Sci USA* 82(18):6163-6.

249 **Noda M. et Rodan GA.** (1987). Type beta transforming growth factor (TGF beta) regulation of alkalinephosphatase expression and other phenotype-related mRNAs in osteoblastic rat osteosarcoma cells. *J Cell Physiol* 133(3):426-37.

250 **Reiss M. et Sartorelli AC.** (1987). Regulation of growth and differentiation of human keratinocytes by typebeta transforming growth factor and epidermal growth factor. *Cancer Res* 47(24 Pt 1):6705-9.

251 **Rao SS. et Kohtz DS**. (1995). Positive and negative regulation of D-cyclin expression in skeletal myoblasts by basic fibroblast growth factor and transforming growth factor beta. A role for cyclin D1 in control of myoblast differentiation. J Biol Chem 270 (8) : 4093-4100.

252 **Ignotz RA. et Massague J.** (1985). Type beta transforming growth factor controls the adipogenic differentiation of 3T3 fibroblasts. *Proc Natl Acad Sci USA* 82(24):8530-4.

253 **Kehrl JH., Roberts AB., Wakefield LM., Jakowlew S., Sporn MB. et Fauci AS.** (1986). Transforming growth factor beta is an important immunomodulatory protein for human B lymphocytes. *J Immunol* 137(12):3855-60.

254 **Massague J., Cheifetz S., Laiho M., Ralph DA., Weis FM. et Zentella A.** (1992). Transforming growth factor-beta. *Cancer Surv* 12:81-103.

255 **Wahl SM., Hunt DA., Wakefield LM., McCartney-Francis N., Wahl LM., Roberts AB. et Sporn MB.** (1987). Transforming growth factor type beta induces monocyte chemotaxis and growth factor production. *Proc Natl Acad Sci USA* 84(16):5788-92.

256 **Parekh T., Saxena B., Reibman J., Cronstein BN. et Gold LI.** (1994). Neutrophil chemotaxis in response to TGF-beta isoforms (TGF-beta 1,TGF-beta 2, TGF-beta 3) is mediated by fibronectin. *J Immunol* 152(5):2456-66.

257 **Cordeiro MF., Bhattacharya SS., Schultz GS. et Khaw PT.** (2000). TGF-beta1, -beta2, and -beta3 in vitro: biphasic effects on Tenon's fibroblast contraction, proliferation, and migration. *Invest Ophthalmol Vis Sci* 41(3):756-63.

258 **Bassols A. et Massagué J.** (1988). Transforming growth factor beta regulates the expression and structure of extracellular matrix chondroitin/dermatan sulfate proteoglycans. *J. Biol. Chem* 263 : 3039-3045.

259 **Tiedemann K., Malmstrom A. et Westergren-Thorsson G.** (1997). Cytokine regulation of proteoglycan production in fibroblasts: separate and synergistic effects. *Matrix Biol* 15 : 469-478.

260 **Rossi P., Karsenty G., Roberts AB., Roche NS., Sporn MB. et de Crombrugghe B.** (1988). A nuclear factor 1 binding site mediates the transcriptional activation of a type I collagen promoter by transforming growth factor-beta. *Cell* 52 : 405-414.

261 **Chung KY., Agarwal A., Uitto J. et Mauviel A.** (1996). An AP-1 binding sequence is essential for regulation of the human alpha2(I)collagen (COL1A2) promoter activity by transforming growth factor-beta. *J Biol Chem* 271(6):3272-8.

262 **Roberts AB., Flanders KC., Kondaiah P., Thompson NL., van Obberghen-Schilling E., Wakefield L., Rossi P., de Crombrugghe B., Heine U. et Sporn MB.** (1988). Transforming growth factor β: biochemistry and roles in embryogenesis, tissue repair and remodeling, and carcinogenesis. *Recent Prog. Horm. Res* 44 : 157-197.

263 **Mauviel A., Lapiere JC., Halcin C., Evans CH. et Uitto J.** (1994). Differential cytokine regulation of type I and type VII collagen gene expression in cultured human dermal fibroblasts. *J Biol Chem* 269 : 25-28.

264 **Vindevoghel L., Kon A., Lechleider RJ., Uitto J., Roberts AB. et Mauviel A.** (1998) Smad-dependent transcriptional activation of human type VII collagen gene (*COL7A1*) promoter by transforming growth factor-β. *J Biol Chem* 273: 13053-7.

265 **Ignotz RA., Endo T. et Massague J.** (1987). Regulation of fibronectin and type I collagen mRNA levels by transforming growth factor-beta. *J Biol Chem* 262(14):6443-6.

266 **Noda M., Yoon K., Prince CW., Butler WT. et Rodan GA.** (1988). Transcriptional regulation of osteopontin production in rat osteosarcoma cellsby type beta transforming growth factor. *J Biol Chem* 263(27):13916-21.

267 **Pearson, CA., Pearson D., Shibahara S., Hofsteenge J., et Chiquet-Ehrismann R.** (1988). Tenascin: cDNA cloning and induction by TGF-beta. *EMBO J* 7:2977-82.

268 **Penttinen RP., Kobayashi S., et Bornstein P.** (1988). Transforming growth factor beta increases mRNA for matrix proteins both in the presence and in the absence of changes in mRNA stability. *Proc Natl Acad Sci USA* 85:1105-8.

269 **Koli K., Lohi J., Hautanen A., et Keski-Oja J.** (1991). Enhancement of vitronectin expression in human HepG2 hepatoma cells by transforming growth factor-beta I. *Eur J Biochem* 199:337-45.

270 **Ignotz RA., Heino J., et Massague J.** (1989). Regulation of cell adhesion receptors by transforming growth factor-beta. Regulation of vitronectin receptor and LFA-1. *J Biol Chem* 264:389-92.

271 **Heino J., et Massague J.** (1989). Transforming growth factor-beta switches the pattern of integrins expressed in MG-63 human osteosarcoma cells and causes a selective loss of cell adhesion to laminin. *J Biol Chem 264* : 21806-11.

272 **Lai ho M., Saksela O., Andreasen PA., et Keski-Oja J.** (1986). Enhanced production and extracellular deposition of the endothelial-type plasminogen activator inhibitor in cultured human lung fibroblasts by transforming growth factor-beta. *J Cell Biol* 1 3:2403-10.

273 **Lund LR., Riccio A., Andreasen PA., Nielsen LS., Kristensen P., Lai ho M., Saksela O., Blasi F., et Dano K.** (1987). Transforming growth factor-beta is a strong and fast acting positive regulator of the level of type-1 plasminogen activator inhibitor mRNA in WI-38 human lung fibroblasts. *EMBO J* 6:1281- 1286.

274 **Edwards DR., Murphy G., Reynolds JJ., Whitham SE., Docherty AJ., Angel P., et Heath JK.** (1987). Transforming growth factor beta modulates the expression of collagenase and metalloproteinase inhibitor. *Embo J* 6: 1899-904.

275 **Hui W., Rowan AD., et Cawston T.** (2001). Modulation of the expression of matrix metalloproteinase and tissue inhibitors of metalloproteinases by TGF-beta1 and IGF-1 in primary human articular and bovine J nasal chondrocytes stimulated with tnf-alpha. *Cytokine* 16: 31-35.

276 **Rook AH., Kehrl JH., Wakefield LM., Roberts AB., Sporn MB., Burlington DB., Lane HC. et Fauci AS.** (1986). Effects of transforming growth factor beta on the functions of natural killer cells: depressed cytolytic activity and blunting of interferon responsiveness. *J Immunol* 136(10): 3916-20.

277 **Espevik T., Figari IS., Ranges GE. et Palladino MA Jr.** (1988). Transforming growth factor-beta 1 (TGF-beta 1) and recombinant human tumor necrosis factor-alpha reciprocally regulate the generation of lymphokine-activated killer cell activity. Comparison between natural porcineplatelet-derived TGF-beta 1 and TGF-beta 2, and recombinant human TGF-beta 1. *J Immunol* 140(7): 2312-6.

278 **Tsunawaki S., Sporn MB., Ding A. et Nathan C.** (1988). Deactivation of macrophages by transforming growth factor-beta. *Nature* 334(6179): 260-262.

279 **Gorelik L. et Flavell RA.** (2002). Transforming growth factor-beta in T-cell biology. *Nat Rev Immunol* 2(1) : 46-53.

280 **Kehrl JH., Wakefield LM., Roberts AB., Jakowlew S., Alvarez-Mon M., Derynck R., Sporn MB. et Fauci AS.** (1986). Production of transforming growth factor beta by human T lymphocytes and its potential role in the regulation of T cell growth. *J Exp Med* 163 : 1037-1050.

281 **Pardoux C., Ma X., Gobert S., Pellegrini S., Mayeux P., Gay F., Trinchieri G. et Chouaib S.** (1999). Downregulation of interleukin-12 (IL-12) responsiveness in human T cells by transforming growth factor-beta: relationship with IL-12 signaling. *Blood* 93 : 1448-1455.

282 **Letterio JJ. et Roberts AB.** (1998). Regulation of immune responses by TGF-β. *Annu. Rev. Immunol* 16 : 137-161.

283 **Adams DH., Hathaway M., Shaw J., Burnett D., Elias E. et Strain AJ.** (1991). Transforming growth factor-beta induces human T lymphocyte migration *in vitro*. *J. Immunol* 147 : 609-612.

284 **Wahl SM., Allen JB., Costa GL., Wong HL. et Dasch JR.** (1993). Reversal of acute and chronic synovial inflammation by anti-transforming growth factor beta. *J Exp Med* 177 : 225-230.

285 **Cheifetz S., Like B. et Massague J.** (1986). Cellular distribution of type I and type II receptors for transforming growth factor-beta. *J Biol Chem* 261(21):9972-8.

286 **Lai ho M., Weis MB., et Massague J.** (1990). Concomitant loss of transforming growth factor (TGF) beta receptor types I and II in TGF-beta-resistant cell mutants implicates both receptor types in signal transduction. *J Biol Chem* 265:18518-24.

287 **Lopez-Castillas F., Wrana JL. et Massagué J.** (1993). Betaglycan presents ligand to the TGF-β signaling receptor *Cell* 73 : 1435-1444.

288 **Moustakas A., Lin HY., Henis YI., Plamondon J., O'Connor-McCourt MD. et Lodish HF.** (1993). The transforming growth factor beta receptors types I, II, and III formhetero-oligomeric complexes in the presence of ligand. *J Biol Chem* 268(30):22215-8.

289 **Feng, XH. et Derynck R.** (1996). Ligand-independent activation of transforming growth factor (TGF) beta signaling pathways by heteromeric cytoplasmic domains of TGF-beta receptors. *J Biol Chem* 271:13123-9.

290 **Yamashita H., ten Dijke P., Franzen P., Miyazono K., et Heldin CH.** (1994). Formation of hetero- oligomeric complexes of type I and type II receptors for transforming growth factor-beta. *J Biol Chem* 269 : 20172-8.

291 **Wrana JL., Attisano L., Wieser R., Ventura F. et Massague J.** (1994). Mechanism of activation of the TGF-beta receptor. *Nature* 370: 341- 347.

292 **Chen Y., Liu GF., et Massague J.** (1997). Mechanism of TGFbeta receptor inhibition by FKBPI2. *EMBO J* 16: 3866- 76.

293 **Onichtchouk D., Chen YG., Dosch R., Gawantka V., Delius H., Massague J., et Niehrs C.** (1999). Silencing of TGF-beta signalling by the pseudoreceptor BAMBI. *Nature* 401: 480-5.

294 **Hartsough MT., Frey RS., Zipfel PA., Buard A., Cook SJ., McCormick F. et Mulder KM.** (1996). Altered transforming growth factor signaling in epithelial cells when ras activation is blocked. *J Biol Chem* 271: 22368-75.

295 **Hannigan M., Zhan L., Ai Y. et Huang CK.** (1998). Involvement of the p38 Mitogen-activated Protein Kinase Pathway in Transforming Growth Factor-β-Induced Gene Expression. *J Biol Chem* 274: 27161-67.

296 **Atfi A., Djelloul S., Chastre E., Davis R., et Gespach C.** (1997). Evidence for a role of Rho-like GTPases and stress-activated protein kinase/c-jun N-terminal kinase (SAPK/JNK) in a transforming growth factorβ-mediated signaling. *J Biol Chem* 272: 1429-32.

297 **Itoh S., Itoh F., Goumans MJ. et Ten Dijke P.** (2000). Signaling of transforming growth factor-beta family members through Smad proteins. *Eur J Biochem* 267(24): 6954-67.

298 **ten Dijke P., Miyazono K. et Heldin CH.** (2000). Signaling inputs converge on nuclear effectors in TGF-beta signaling. *Trends Biochem Sci* 25(2): 64-70.

167

299 **Shi, Y., Wang YF., Jayaraman L., Yang H., Massague J. et Pavletich NP.** (1998). Crystal structure of a Smad MH1 domain bound to DNA: insights on DNA binding in TGF-beta signaling. *Cell* 94: 585-94.

300 **Vindevoghel L., Lechleider RJ., Kon A., de Caestecker MP., Uitto J., Roberts AB. et Mauviel A.** (1998). SMAD3/4-dependent transcriptional activation of the human type VII collagen gene (*COL7A1*) promoter by transforming growth factor beta. *Proc Natl Acad Sci USA* 95 : 14769-14774.

301 **Dennler S., Itohe S., Vivien D., ten Dijke P., Huet S. et Gauthier JM.** (1998) Direct binding of Smad3 and Smad4 to critical TGFβ-inducible elements in the promoter of human plasminogen activator inhibitor-type I gene *EMBO J* 17(11): 3091-3100.

302 **Jonk LJ., Itoh S., Heldin CH., ten Dijke P., et Kruijer W.** (1998). Identification and functional characterization of a Smad binding element (SBE) in the JunB promoter that acts as a transforming growth factor-beta. actiyin. and bone morphogenetic protein-inducible enhancer. *J Biol Chem* 273:21145-52.

303 **Yanagisawa J., Yanagi Y., Masuhiro Y., Suzawa M., Watanabe M., Kashiwagi K., Toriyabe T., Kawabata M., Miyazono K., et Kato S.** (1999). Convergence of transforming growth factor beta and vitamin D signaling pathway on Smad transcriptional coactivators. *Science* 283: 1317-21.

304 **Hua X., Miller ZA., Wu G., Shi Y. et Lodish HF.** (1999). Specificity in transforming growth factor beta-induced transcription of the plasminogen activator inhibitor-1 gene: interactions ofpromoter DNA transcription factor muE3, and Smad proteins. *Proc Natl Acad Sci USA* 96: 13130-13135.

305 **Pouponnot C., Jayaraman L. et Massague J.** (1998). Physical and functional interaction of SMADS and p300/CBP. *J Biol Chem* 273: 22865-22868.

306 **Wotton D., Lo RS., Lee S. et Massague J.** (1999). A Smad transcriptional corepressor. *Cell* 97: 29-39.

307 **Lo RS., Chen YG., Shi Y., Pavletich NP. et Massague J.** (1998). The L3 loop : a structural motif determining specific interaction between Smad proteins and TGF-beta receptors. *EMBO J* 17, 996-1005.

308 **Souchelnytskyi S., Nakayama T., Nakao A., Morén A., Heldin CH., Christian JL. et ten Dijke P.** (1998). Physical and functional Interaction of murine and Xenopus Smad7 with Bone Morphogenetic Protein Receptors and Transforming Growth Factor-b Receptors.. *J Biol Chem* 273 (39) : 25364-25370.

309 **Tsukazaki T., Chiang TA., Davison AF., Attisano L. et Wrana JL.** (1998). SARA, a FYVE domain protein that recruits Smad2 to the TGFbeta receptor. *Cell* 95: 779-91.

310 **Kurisaki A., Koses S., Yoneda Y., Heldin CH. et Moustakas A.** (2001). Transforming growth factor-beta induces nuclear import of Smad3 in an importin-beta1 and Ran-dependent manner. *Mol Biol Cell* 12: 1079-91.

311 **Hocevar BA., Smine A., Xu XX. et Howe PH.** (2001). The adaptor molecule Disabled-2 links the transforming growth factor beta receptors to the Smad pathway. *EMBO J* 20(11):2789-801.

312 **Ebisawa T., Fukuchi M., Murakami G., Chiba T., Tanaka K., Imamura T. et Miyazono K.** (2001). Smurf1 interacts with transforming growth factor-beta type I receptor through Smad7 and induces receptor degradation. *J Biol Chem* 276: 12477-80.

313 **Shioda T., Lechleider RJ., Dunwoodie SL., LI H., Yahata T., de Caestecker MP., Fenner MH, Roberts AB. et Isselbacher KJ.** (1998). Transcritpional activating activity of Smad4: roles of SMAD hetero-oligomerization and enhancement by an associating transactivator. *Proc Natl Acad Sci USA* 95: 9785-90.

314 **Shi X., Yang X., Chen D., Chang Z. et Cao X.** (1999). Smad1 interacts with homeobox DNA-binding proteins in bone morphogenetic protein signaling. *J Biol Chem* 274: 13711-13717.

315 **Verschueren K., Remacle JE., Collart C., Kraft H., Baker BS., Tylzanowski P., Nelles L., Wuytens M., Su M. T., Bodmer R., Smith JC. et Huylebroeck D.**

(1999). SIP1, a novel zinc finger/homeodomain repressor interacts with Smad proteins and binds to 5'-CACCT sequences in candidate target genes. *J Biol Chem* 273: 20489-98.

316 **Sun Y., Liu X., Eaton EN., Lane WS., Lodish HF., et Weinberg RA.** (1999). Interaction of the Ski oncoprotein with Smad3 regulates TGF-beta signaling. *Mol Cell* 4: 499-509.

317 **Kim RH., Wang D., Tsang M, Martin J., Huff C., de Caestecker MP., Parks WT., Meng X., Lechleider R. J., Wang T. et Roberts AB.** (2000). A novel smad nuclear interacting protein, SNIP1, supresses p300-dependent TGF-beta signal transduction. *Genes Dev* 14: 1605-16.

318 **Stroschein SL., Wang W., Zhou S., Zhou Q. et Luo K.** (1999). Negative feedback regulation of TGF-beta signaling by the SnoN oncoprotein. *Science* 286: 771-4.

319 **Sano Y., Harada J., Tashiro S., Gotoh-Mandeville R., Maekawa T.,et Ishii S.** (1999). ATF-2 is a common nuclear target of Smad and TAK1 pathways in transforming growth factor-beta signaling. *J Biol Chem* 274: 8949-57.

320 **Zhang Y., Feng XH., et Derynck R.** (1998). Smad3 and Smad4 cooperate with c-jun/c-fos to mediate TGF-beta induced transcription. *Nature* 394: 909-13.

321 **Liberati NT., Datto MB., Frederick JP., Shen X., Wong C., Rougier-Chapman EM. et Wang XF.** (1999). Smads bind directly to the Jun family of AP-1 transcription factors. *Proc Natl Sci USA* 96: 4844-9.

322 **Song CZ., Tian X. et Gelehrter TD.** (1999). Glucocortocoid receptor inhibits transforming growth factor-beta signaling by directly targeting the transcriptional activation function of Smad3. *Proc NAtl Acad Sci USA* 96: 11776-81.

323 **Yanagi Y., Suzawa M., Kawabata M., Miyazono K., Yanagisawa J., et Kato S.** (1999). Positive and negative modulation of vitamin D receptor function by transforming growth factor-beta signaling through smad proteins. *J Biol Chem* 274(19):12971-4.

324 **Chipuk JE., Cornelius SC., Pultz NJ., Jorgensen JS., Bonham MJ., Kim SJ. et Danielpour D.** (2002). The androgen receptor represses Transforming Growth factor-b Signaling through Interaction with Smad3. *J Biol Chem* 277: 1240-8.

325 **Matsuda T., Yamamoto T., Muraguchi A. et Saatcioglu F.** (2001).Cross-talk between transforming growth factor-beta and estrogen receptor signaling through Smad3. *J Biol Chem* 276(46):42908-14.

326 **Fu M., Zhang J., Zhu X., Myles DE., Willson TM., Liu X. et Chen YE.** (2001). Peroxisome proliferator-activated receptor gamma inhibits transforming growth factor beta-induced connective tissue growth factor expression in human aortic smooth muscle cells by interfering with Smad3. *J Biol Chem* 276(49):45888-94.

327 **Nishihara A., Hanai J., Imamura T., Miyazono K. et Kawabata M.** (1999). E1A inhibits transforming growth factor-beta signaling througn binding to Smad proteins. *J Biol Chem* 274: 28716-23.

328 **de Caestecker MP., Piek E., et Roberts AB.** (2000). Role of transforming growth factor-beta signaling in cancer. *J Natl Cancer Inst* 92: 1388-1402.

329 **Chen X., Weisberg E., Fridmacher V., Watanabe M., Naco G. et Whitman M.** (1997). Smad4 and FAST-1 in the assembly of activin-responsive factor. *Nature* 389: 85-89.

330 **Labbe E., Letamendia A. et Attisano L.** (2000). Association of Smads with Lymphoid Enhancer binding Factor 1/ T Cell-specific Factor mediates cooperative signaling by the transforming growth factor-beta and wnt pathway. *Proc Natl Acad Sci USA* 97: 8358-8363.

331 **Hata A., Seoane J., Lagna G., Montalvo E., Hemmati-Brivanlou A. et Massague J.** (2000). OAZ uses distinct DNA- and protein- binding zinc fingers in separate BMP-Smad and Olf signaling pathways. *Cell* 100: 229-240.

332 **Pardali E., Xie XQ., Tsapogas P., Itoh S., Arvanitidis K., Heldin CH., ten Dijke P. Grundstrom T. et Sideras P.** (2000). Smad and AML proteins

171

synergistically confer transforming growth factor beta-1 responsiveness to human germ-line IgA genes. *J Biol Chem* 275: 3552-3560.

333 **Kon A., Vindevoghel L., Kouba DJ., Fujimura Y., Uitto J. et Mauviel A.** (1999). Cooperation between SMAD and NF-kappaB in growth factor regulated type VII collagen expression. *Oncogene* 18: 1837-1844.

334 **Zhang W., Ou J., Inagaki Y., Greenwel P. et Ramirez F.** (2000). Synergistic cooperation between Sp1 and Smad3/Smad4 mediates transforming growth factor beta 1 stimulation of alpha 2(I)-collagen (COL1A2) transcription. *J Biol Chem* 275: 39237-39245.

335 **Xiao Z., Liu X. et Lodish HF.** (2000). Importin beta mediates nuclear translocation of Smad3. *J Biol Chem* 275 : 23425-23428.

336 **Labbe E., Silvestri C., Hoodless PA., Wrana JL., et Attisano L.** (1998). Smad2 and Smad3 positiyely and negatiyely regulate TGF beta-dependent transcription through the forkhead DNA-binding protein FAST2. *Mol Cell* 2: 109-120.

337 **Wu JW., Fairman R., Penry J. et Shi Y.** (2001). Formation of a stable heterodimer between Smad2 and Smad4. *J Biol Chem* 276 (23) : 20688-20694.

338 **Chacko BM., Qin B., Correia JJ., Lam SS., de Caestecker MP. et Link K.** (2001). The L3 loop and C-terminal phosphorylation jointly define Smad protein trimerization. *Nat Struct Biol* 8: 248-253.

339 **Inman GJ. et Hill CS.** Stoichiometry of active Smad-transcription factor complexes on DNA. (2002). *J Biol Chem* 277 : 51008-51016.

340 **Verrecchia, F., Vindevoghel L., Lechleider RJ., Uitto J., Roberts AB., et Mauviel A.** (2001). Smad3/ AP-1 interactions control transcriptional responses to TGF-beta in a promoter-specific manner. *Oncogene* 20: 3332-3340.

341 **Verrecchia F., Tacheau C., Schorpp-Kistner M., Angel P., et Mauviel A.** (2001). Induction of the AP- 1 members c-Jun and JunB by TGF-beta/Smad suppresses early Smad-driven gene activation. *Oncogene* 20: 2205-2211.

342 **Engle SJ., Hoying JB., Boivin GP., Ormsby I., Gartside PS. et Doetschman T.** (1999). Transforming growth factor beta1 suppresses nonmetastatic colon cancer at an early stage of tumorigenesis.*Cancer Res* 59(14): 3379-86.

343 **Markowitz S., Wang J., Myeroff L., Parsons R., Sun L., Lutterbaugh J.,Fan RS., Zborowska E., Kinzler KW., Vogelstein B. et *al.*** (1995). Inactivation of the type II TGF-beta receptor in colon cancer cells with microsatellite instability.*Science* 268(5215):1336-1338.

344 **Wang J., Sun L., Myeroff L., Wang X., Gentry LE., Yang J., Liang J., Zborowska E., Markowitz S., Willson JK. et *al.*** (1995). Demonstration that mutation of the type II transforming growth factor beta receptor inactivates its tumor suppressor activity in replication error-positive colon carcinoma cells. *J Biol Chem* 270(37):22044-22049.

345 **Wakefield LM. et Roberts AB.** (2002). TGF-beta signaling : positive and negative effects on tumorigenesis. *Current Opinion in Genetics & Development* 12(1): 22-29.

346 **Xu X., Brodie SG., Yang X.,. Im YH, Parks WT., Chen L., Zhou YX., Weinstein M., Kim SJ. et Deng CX.** (2000). Haploid loss of the tumor suppressor Smad4/Dpc4 initiates gastric polyposis and cancer in mice. *Oncogene* 19:1868-1874.

347 **Torre-Amione G., Beauchamp RD., Koeppen H., Park BH., Schreiber H., Moses HL. et Rowley DA.** (1990). A highly immunogenic tumor transfected with a murine transforming growth factor type beta 1 cDNA escapes immune surveillance. *Proc Natl AcadSci USA* 87:1486-90.

348 **Arrick BA., Lopez AR., Elfman F., Ebner R., Damsky CH. et Derynck R.** (1992). Altered metabolic and adhesive properties and increased tumorigenesis associated with increased expression of transforming growth factor beta 1. *J Cell Bioll* 18:715-26.

349 **Burgeson RE.** Type VII collagen, anchoring fibrils and epidermolysis bullosa. *JID* (1993) 101: 252-255.

350 **Keene DR., Sakai LY., Lunstrum GP., Morris NP. et Burgeson RE.** (1987). Type VII collagen forms an extended network of anchoring fibrils. *J Cell Biol* 104: 611-621.

351 **Shimizu H., Ishiko A., Masunaga T., Kurihara Y., Sato M., Bruckner-Tuderman L. et Nishikawata T.** (1997). Most anchoring fibrils originate and terminate in the lamina densa. *Lab Invest* 76: 753-63.

352 **Christiano AM.** (1996). Molecular complexity of the cutaneous basement membrane. *Exp Dermatol* 5: 1-11.

353 **Ryynänen J., Solberg S., Parente MG., Chung LC., Christiano AM. et Uitto J.** (1992). Type VII collagen gene expression by cultured human cells and in fetal skin. *J Clin Invest* 89: 163-168.

354 **Uitto J. et Christiano AM.** (1991). Molecular genetics of the cutaneous basement membrane zone. *J Clin Invest* 90: 687-692.

355 **Timpl R.** (1996). Macromolecular organization of basement membranes. *Curr Opin Cell Biol* 8: 618-624.

356 **Lapière JC., Chen JD., Iwasaki T., Hu Lanrong., Uitto J. et Woodley DT.** (1994). Type VII collagen specifically binds fibronectin via a unique triple subdomain within the collagenous triple helix. *JID* 103: 637-64.

357 **Rousselle P., Keene DR., Ruggiero F., Champliaud MF., van der Rest M. et Burgeson RE.** (1997). Laminin-5 binds the NC-1 domain of the type VII collagen. *J Cell Biol* 138: 719-28.

358 **Chen M., Marinkovich MP., Jones JC., O'Toole EA., Li YY. et Woodley DT.** (1999) NC1 domain of the type VII collagen binds to the b3 chain of laminin-5 via a unique subdomain within the fibronectin-nike repeats. *JID* 112: 177-83.

359 **Parente MG., Chung LC., Ryynänen J., Woodley DT., Wynn KC., Bauer EA., Mattei MG., Chu ML. et Uitto J.** (1991). Human type VII collagen : cDNA cloning and chromosomal mapping of the gene. *Proc Natl Acad Sci USA* 88: 6931-6935.

360 **Vindevoghel L., Chung KY., Davis A., Kouba D., Kivirikko S., Alder H., Uitto J. et Mauviel A.** (1997). A GT-rich sequence binding the transcription factor SP1 is crucial for high expression of the human type VII collagen gene (COL7A1) in fibroblasts and keratinocytes. *J Biol Chem* 272: 10196-204.

361 **Van Meijer M et Pannekoek H.** (1995). Structure of plasminogen activator inhibitor (PAI-1) and its function in fibrinolysis: an update. *Fibrinolysis* 9: 263-276.

362 **Seki T. et Gelehrter TD.** (1996) Interleuine-1 induction of type-1 plasminogen activator inhibitor (PAI-1) gene expression in the mouse hepathocyte line, AML 12. *J Cell Physiol* 168: 648-656.

363 **Sandberg T., Eriksson P., Gustavsson B. et Casslen B.** (1997) Differential regulation of the plasminogen activator inhibitor (PAI-1) gene expression by growth factor and progesterone in human endometrial stroma cells. *Mol Hum Reprod* 3: 781-787.

364 **Morange PE., Aubert J., Peiretti F., Lijnen HR., Vague P., Verdier M., Negrel R., Juhan-Vague I. et Alessi MC.** (1999). Glucocorticoids and insulin promote plasminogen activator inhibitor 1 production by human adipose tissue. *Diabetes* 48 : 890-895.

365 **Watanabe A., Kurabayashi M., Arai M., Sekiguchi K. et Nagai R.** (2001) Combined effect of retinoic acid and basic FGF on PAI-1 gene expression in vascular smooth muscle cells. *Cardiovascular Research* 51: 151-159

366 **Westerhausen DR., Hopkins WE. et Billadello JJ.** (1991). Multiple transforming growth factor-β-inducible elements regulate expression of the plasminogen activator inhibitor type-1 gene in HepG2 cells. *J Biol Chem* 266 : 1092-1100.

367 **Keeton MK., Curriden SA., van Zonneveld AJ. et Loskutoff DJ.** (1991). Identification of regulatory sequences in the type 1 plasminogen activator inhibitor gene responsive to transforming growth factor β. *J Biol Chem* 266 : 23048-23052.

368 **Riccio A., Pedone PV., Lund LR., Olesen T., Olsen HS. et Andreasen PA.** (1992). Transforming growth factor beta 1-responsive element: closely associated binding sites for USF and CCAAT-binding transcription factor-nuclear factor I in the type 1 plasminogen activator inhibitor gene. *Mol Cell Biol* 12 : 1846-1855.

369 **Sandler MA., Zhang JN., Westerhausen DR. et Billadello .J.** (1994). A novel protein interacts with the major transforming growth factor-β responsive element in the plasminogen activator inhibitor type 1 gene. *J Biol Chem* 269 : 21500-21504.

370 **Song CZ., Siok TE. et Gelehrter TD.** (1998). Smad4/DPC4 and Smad3 mediate transforming growth factor-beta (TGF-beta) signaling through direct binding to a novel TGF-beta-responsive element in the human plasminogen activator inhibitor-1 promoter. *J Biol Chem.* 273 : 29287-29290.

371 **Stroschein SL., Wang W. et Luo K.** (1999). Cooperative binding of Smad proteins to two adjacent DNA elements in the plasminogen activator inhibitor-1 promoter mediates transforming growth factor beta-induced smad-dependent transcriptional activation. *J Biol Chem* 274 : 9431-9441.

372 **Todaro GJ., De larco JE., Fryling C., Johnson PA. et Sporn MB.** (1981). Transforming growth factor (TGFs): properties and possible mechanism of action. *J Supramol Struct Cell Biochem* 15(3): 287-301.

373 **Lardon F., Snoeck HW., Haenen L., Lenjou M., Nijs G., Weekx SF., Van Ranst PC., Berneman ZN. et Van Bockstaele DR.** (1995). The combined effects of all-trans retinoic acid and TGF-beta on the initial proliferation of normal human bone marrow progenitor cells. *Leukemia* 10(12): 1937-43.

374 **Choi Y. et Fuchs E.** (1990). TGF-beta and retinoic acid : regulators of growth and modifiers of differentiation in human epidermal cells. *Cell Regul* 1(11) : 791-809.

375 **Cohen PS., Letterio JJ., Gaetano C., Chan J., Matsumoto K., Sporn MB. et Thiele CJ.** (1995). Induction of transforming growth factor beta 1 and its receptors

during all-trans-retinoic acid (RA) treatment of RA-responsive human neuroblastoma cell. *Cancer Res* 55(11) : 2380-2386.

376 **Valette A. et Botanch C.** (1990). Transforming growth factor beta (TGF-beta) potentiates the inhibitory effect of retinoic acid on human breast carcinoma (MCF-7) cell proliferation. *Growth Fators* 2(4): 283-7.

377 **Nugent P. et Greene RM.** (1994). Interactions between the transforming growth factor beta (TGF beta) and retinoic acid signal transduction pathways in murine embryonic palatal cells. *Differentiation* 58(2): 149-55.

378 **Chen Y., Takeshita A., Ozaki K., Kitano S. et Hanazawa S.** (1996). Trancriptional regulation by transforming growth factor beta of the expression of retinoic acid and retinoid X receptor genes in osteoblastic cells is mediated through AP-1. *J Biol Chem* 271(49): 31602-31606.

379 **Schutte M., Hruban RH., Hedrick L., Cho KR., Nadasdy GM., Weinstein CL., Bova GS., Isaacs WB., Cairns P., Nawroz H., Sidransky D., Casero RA Jr., Meltzer PS., Hahn SA. et Kern SE.** (1996). DPC4 gene in various tumor types. *Cancer Res* 56(11):2527-30.

380 **Allenby G., Bocquet MT., Saunders M., Kazmer S., Speck J., Rosenberger M., Lovey A., Kastner P., Grippo JF., Chambon P. et** *al.* (1993). Retinoic acid receptors and retinoid X receptors : ineractions with endogenous retinoic acids. *Proc Natl Acad Sci USA* 90 (1): 30-4.

381 **Fisher GJ., Talwar HS., Xiao JH., Datta SC., Reddy AP., Gaub MP., Rochette-Egly C., Chambon P. et Voorhees JJ.** (1994). Immunological identification and functional quantification of retinoic acid and retinoid X receptor proteins in human skin.. *J Biol Chem* 269: 20629-20635.

382 **Reichrath J., Mittmann M., Kamradt J. et Muller SM.** (1997). Expression of retinoid-X receptors (-alpha, -beta, -gamma) and retinoic acid receptors (-alpha, -beta, -gamma) in normal human skin : an immunohistological evaluation.. *Histochem J* 29: 127-33.

383 **Wurtz JM., Bourguet W., Renaud JP., Vivat V., Chambon P., Moras D. et Gronemeyer H.** (1996). A canonical structure for the ligand-binding domain of nuclear receptors. *Nat Struct Biol* 3(1): 87-94.

384 **Moras D. et Gronemeyer H.** (1998). The nuclear receptor ligand-binding domain: structure and function. *Curr Opin Cell Biol* 10(3): 384-91.

385 **Egea PF., Klaholz BP. et Moras D.** (2000). Ligand-protein interactions in nuclear receptors of hormones. *FEBS Lett.* 476(1-2): 62-7.

386 **Freedman LP.** (1999). Increasing the complexity of coactivation in nuclear receptor signaling. *Cell* 97(1): 5-8.

387 **Rosenfeld MG. et Glass CK.** (2001). Coregulator codes of transcriptional regulation by nuclear receptors. *J Biol Chem* 276(40): 36865-36868

388 **Depoix C., Delmotte MH., Formstecher P., Lefebvre P.** (2001). Control of retinoic acid receptor heterodimerization by ligand-induced structural transitions. A novel mechanism of action for retinoid antagonists. *J Biol Chem* 276(12): 9452-9.

389 **Dilworth FJ., Fromental-Ramain C., Remboutsika E., Benecke A et Chambon P.** (1999). Ligand-dependent activation of transcription in vitro by retinoic acid receptor a/ retinoid X receptor a heterodimers that mimics transactivation by retinoids in vivo. *Proc Natl Acad Sci* USA 96 : 1995-2000.

390 **Fagart J, Wurtz JM, Souque A, Hellal-Levy C, Moras D. et Rafestin-Oblin ME.** (1998).Antagonism in the human mineralocorticoid receptor. *EMBO J* 17(12): 3317-3325.

391 **Cao Z., Flanders KC., Bertolette D., Lyakh LA., Wurthner JU., Parks WT., Letterio JJ., Ruscetti FW et Roberts AB.** (2002). Levels of phospho-Smad2/3 are sensors of the interplay between effects of TGF-β and retinoic acid on monocytic and granulocytic differenciation of HL60 cells. *Blood* en publication.

392 **Nagarajan RP., Liu J. et Chen Y.** (1999). Smad3 inhibits transforming growth factor-beta and activin signaling by competing with Smad4 for FAST-2 binding. *J Biol Chem* 274(44): 31229-31235.

393 **Feng XH., Zhang Y., Wu RY. et Derynck R.** (1998). The tumor suppressor Smad4/DPC4 and transcriptional adaptor CBP/p300 are coactivators for smad3 in TGF-beta-induced transcriptional activation.*Genes Dev* 12(14): 2153-63.

394 **Goodman RH. et Smolik S.** (2000). CBP/p300 in cell growth, transformation, and development. *Genes Dev* 14(13): 1553-77.

395 **Chen M., Goyal S., Cai X., O'Toole EA. et Woodley DT.** (1997). Modulation of type VII collagen (anchoring fibril) expression by retinoids in human skin cells. *Biochim Biophys Acta* 1351(3): 333-40.

396 **Watanabe A., Kanai H., Arai M., Sekiguchi K., Uchiyama T., Nagai R. et Kurabayashi M.** (2002). Retinoids induce the PAI-1 gene expression through tyrosine kinase-dependent pathways in vascular smooth muscle cells. *J Cardiovasc Pharmacol* 39(4): 503-12.

397 **Anstead GM.** (1998). Steroids, Retinoids and Wound Healing. *Adv Wound Care* 11: 277-85

398 **Mauviel A. et Uitto J.** (1993). The extracellular matrix in wound healing : role of the cytokine network. *Wounds* 5: 137-52

399 **Levine JH., Moses HL., Gold LI. et Nanney LB.** (1993). Spatial and temporal patterns of immunoreactive transforming growth factor beta 1, beta 2, and beta 3 during excisional wound repair. *Am J Pathol* 143(2): 368-80.

400 **Ashcroft GS., Yang X., Glick AB., Weinstein M., Letterio JL., Mizel DE., Anzano M., Greenwell-Wild T., Wahl SM., Deng C. et Roberts AB.** (1999). .Mice lacking Smad3 show accelerated wound healing and an impaired localinflammatory response. *Nat Cell Biol* 1(5): 260-6.

401 **Karukonda RSK., Corcoran Flynn T., Boh EE. McBurney EI., Russo GG. et Millikan LE.** (2000). The effects of drugs on wound healing-part II. Specific classes of drugs and their effect on healing wounds. *Int. J. Derm* 39: 321-333

402 **Border WA. et Ruoslahti E.** (1992). Transforming growth factor-beta in disease: the dark side of tissue repair.*J Clin Invest* 90(1): 1-7.

403 **Branton MH. et Kopp JB.** (1999). TGF-beta and fibrosis. *Microbes Infect* 1(15): 1349-65.

404 **Shah M., Foreman DM. et Ferguson MW.** (1994). Neutralising antibody to TGF-beta 1,2 reduces cutaneous scarring in adult rodents. *J Cell Sci* 107 (Pt 5): 1137-57.

405 **Uitto J. et Kouba D.** (2000). Cytokine modulation of extracellular matrix gene expression : relevance to fibrotic skin diseases. *J. Dermatol Sci* 24 (Suppl1) : S60-69.

406 **Verrecchia F. et Mauviel A.** (2002). Transforming Growth Factor-b Signaling Through th Smad Pathway : Role in Extracellular Matrix Gene Expression and Regulation. *J. Invest Dermatol* 118: 211-215.

407 **Roberts AB., Sporn MB., Assoian RK., Smith JM., Roche NS., Wakefield LM., Heine UI., Liotta LA., Falanga V., Kehrl JH. et al.** (1986). Transforming growth factor type beta: rapid induction of fibrosis and angiogenesis in vivo and stimulation of collagen formation in vitro. *Proc Natl Acad Sci USA* 83(12): 4167-71.

408 **Holmes A., Abraham DJ., Sa S., Shiwen X., Black CM. et Leask A.** (2001). CTGF and SMADs, maintenance of scleroderma phenotype is independent ofSMAD signaling. *J Biol Chem* 276(14): 10594-601.

409 **Kahari VM., Heino J. et Vuorio E.** (1987). Interleukin-1 increases collagen production and mRNA levels in cultured skin fibroblasts.*Biochim Biophys Acta* 929(2): 142-7.

410 **Christiano AM., Ryynänen M. et Uitto J.** (1994). Dominant dystrophic epidermolysis bullosa : identification of a Gly→Ser substitutionin the triple helical domain of type VII collagen. *Proc Natl Acad Sci USA* 91 : 3549-3553.

411 **Leo C et Don Chen J.** (2000). The SRC family of nuclear receptorscoactivators. *Gene* 245: 1-11.

412 **Na SY., Lee SK., Han SJ., Choi HS., Im SY. et Lee JW.** (1998). Steroid receptor coactivator-1 interacts with the p50 subunit and coactivates nuclear factor kappaB-mediated transactivations. *J Biol Chem* 273 : 10831-10834.

413 **Lee SK., Kim HJ., Na SY., Kim TS., Choi HS., Im SY. et Lee JW.** (1998). Steroid receptor coactivator-1 coactivates activating protein-1 mediated transactivations through interaction with the c-Jun and c-Fos subunits. *J Biol Chem.* 273 : 16651-16654.

414 **Gallimore PH. et Turnell AS.** (2001). Adenovirus E1A : remodeling the host cell, a life or death exprerience. *Oncogene* 20 : 7824-7835.

415 **Nishihara A., Hanai JI., Okamoto N., Yanagisawa J., Kato S., Miyazono K. et Kawabata M.** (1998). Role of p300, a transcriptional coactivator, in signalling of TGF-beta. *Genes Cells* 3(9): 613-23.

.

www.ingramcontent.com/pod-product-compliance
Lightning Source LLC
Chambersburg PA
CBHW021050210326
41598CB00016B/1157